Oiseaux.

Texte.. Ms. pag. 33 et suivantes.

Planches. Ms. Planches 4 à 15, 18 à 24, 26 et suivantes.

L'ORGANISATION

DU

RÈGNE ANIMAL

PAR

ÉMILE BLANCHARD

20e LIVRAISON

OISEAUX.

Livraisons 1-4.

A PARIS

CHEZ L'AUTEUR, 161, RUE SAINT-JACQUES

CHEZ VICTOR MASSON
17, PLACE DE L'ÉCOLE DE MÉDECINE.

CHEZ J.-B. BAILLIÈRE
19, RUE HAUTEFEUILLE.

CLASSE DES OISEAUX.

(*AVES.*)

CONSIDÉRATIONS GÉNÉRALES.

Les Oiseaux forment un ensemble si naturel; leurs caractères les séparent si complétement de tous les autres animaux, qu'il ne saurait exister aucune incertitude sur les limites de ce groupe. Avant que la zoologie fût constituée comme science, on a pu en rapprocher les Chauves-Souris, mais cette grave erreur n'a pas résisté aux premières observations sérieuses. Les débris fossiles appartenant à la classe des Oiseaux qui ont été étudiés s'éloignent peu des types actuellement vivants, et si un jour on a cru voir dans les Ptérodactyles des Oiseaux étranges, un examen attentif des empreintes que l'on possède de ces êtres a montré qu'ils se rattachaient au type erpétologique.

Les Oiseaux sont les Animaux vertébrés ovipares, qui ont le sang chaud et la respiration aérienne. Ils ont des poumons comme les mammifères, mais très-généralement leur respiration est double : s'effectuant dans les poumons, elle s'effectue encore dans la profondeur de toutes les parties du corps. Leur circulation est double et tout aussi complète que chez les mammifères, le cœur étant partagé de même en deux ventricules. Ils sont pourvus d'un bec corné; leur corps est revêtu de plumes; leurs membres antérieurs et postérieurs sont conformés pour des usages différents; les premiers ayant la forme d'ailes le plus souvent propres au vol.

Les Oiseaux sont nombreux en espèces; on en compte aujourd'hui un peu plus de huit mille dans les collections. Ces êtres ont tant d'attrait à raison de leurs formes élégantes et de la beauté de leur plumage qu'on les a recherchés d'une manière toute spéciale. La conformation chez les Oiseaux se modifie peu, beaucoup moins que chez les représentants de la plupart des autres classes du règne animal, ce qui n'a pas empêché les naturalistes de multiplier ici les divisions plus que partout ailleurs. Comme le disait Cuvier : « De toutes les classes d'Animaux, celle des Oiseaux est la mieux caractérisée, celle dont » les espèces se ressemblent le plus, et qui est séparée de toutes les autres par un plus grand » intervalle. »

*

Il n'est pas sans intérêt de voir comment ont varié les opinions des zoologistes relativement au nombre des types principaux dont se compose la classe des Oiseaux, et par suite au nombre des divisions primaires. On puise là un enseignement utile. On reconnaît bien vite que ces classifications qui se succèdent, où les ordres sont plus ou moins multipliés, ne s'appuyant pas sur des observations, mettant en lumière des faits jusque-là inaperçus, n'amènent pour la science aucun progrès très-sensible. On reconnaît aussi que les classificateurs, s'attachant en général beaucoup trop au nombre des représentants de leurs groupes, ont donné à ces groupes, surtout de notre temps, une importance que ne justifient nullement les caractères qui les séparent les uns des autres. A la faveur même de cette absence de caractères précis, toutes les combinaisons ont pu se produire sans paraître extraordinaires.

*

Nous ne nous arrêterons guère aux essais de classifications ornithologiques qui ont précédé l'apparition des ouvrages de Linné. Quelques mots suffiront pour en faire comprendre la nature.

L'idée de grouper les Oiseaux d'après leur genre de vie et d'après la conformation de leurs pieds date de loin. Aristote distinguait ces Animaux en espèces qui prennent leur nourriture à terre, en espèces qui fréquentent les lacs et les rivières, en espèces qui vivent sur la mer, en espèces qui, ayant des membranes entre les doigts, passent la plus grande partie de leur vie dans l'eau. Puis il distinguait les Oiseaux carnassiers dont les ongles sont recourbés (Rapaces); ceux qui se nourrissent des fruits de la terre (Pigeons); ceux qui se nourrissent de moucherons (Pics); ceux qui vivent de vers, en ajoutant les espèces qui leur ressemblent et qui se nourrissent de baies (Passereaux). Il signalait encore en particulier les Oiseaux dont les doigts et les ongles sont presque droits, mais qui sont armés d'un ergot comme le Coq.

Il faut ensuite arriver jusqu'à la seconde moitié du seizième siècle pour trouver quelques idées émises au sujet des rapports naturels des êtres. A l'égard des Oiseaux, Pierre Belon doit être cité le premier. Cet auteur n'a pas sans doute établi une véritable classification ornithologique; seulement, à la manière dont il a partagé son travail, il est manifeste que les affinités naturelles l'avaient préoccupé. La partie descriptive de son ouvrage forme six livres : le premier est consacré aux Oiseaux carnassiers et nocturnes (Rapaces), auxquels est joint le coucou (*Cuculus*); le second, aux Oiseaux de rivage dont les pieds sont palmés (Palmipèdes), ce qui n'empêche pas d'y figurer la poule d'eau (*Gallinula*); le troisième, aux Oiseaux aquatiques dont les pieds ne sont pas conformés pour la natation (Echassiers et Alcyons); le quatrième, aux Oiseaux des champs qui font leur nid à terre (Gallinacés, Autruche, Alouettes, Bécasses); le cinquième, aux Oiseaux qu'on trouve en tous lieux (Corbeaux, Pics, etc., Perroquets, Pics, Pigeons, Merles), et le sixième, aux petits Oiseaux qui fréquentent les haies et les buissons (petits Passereaux) (1).

On le voit, plusieurs des divisions principales de la classe des Oiseaux admises depuis par un grand nombre de naturalistes ont été au moins indiquées par Belon.

Nous ne nous arrêterons pas aux écrits d'Aldrovandi concernant l'Ornithologie, car là il n'y a guère de faits utiles à rapporter (2).

(1) *Histoire de la nature des Oiseaux*, etc. — Paris (1555).

(2) Ulyssis Aldrovandi *Ornithologiae*, etc. (1599).

Plus tard, un naturaliste anglais, Willughby commença à s'occuper des caractères zoologiques (1). Mais c'est surtout son célèbre compatriote Jean Rai qui songea à classer les Oiseaux, non pas seulement d'après leur genre de vie, mais aussi d'après les caractères fournis par leur bec et leurs pattes. Sa classification est loin sans doute d'être satisfaisante; néanmoins elle mérite d'être examinée. Rai distingue d'abord les Oiseaux en terrestres et en aquatiques, puis il les répartit dans une vingtaine de sections; la première comprend les Oiseaux de proie de grande taille (Aigles, Vautours); la seconde, les moyens (Éperviers); la troisième, les Oiseaux de proie de petite taille indigènes, auxquels sont réunies les Pies-Grièches (*Lanius*); la quatrième, les Oiseaux de proie exotiques, dont sont rapprochés les Paradis; la cinquième, les Oiseaux de proie nocturnes; la sixième, les nocturnes anomaux (Engoulevents). Dans tout ceci, on voit que l'auteur s'est préoccupé de faits insignifiants, comme la taille, les nuances de plumage, etc., et qu'il a peu examiné les vrais caractères. Une section comprend les Oiseaux frugivores à bec et ongles crochus (Perroquets); une autre, les espèces dont les ailes sont inaptes au vol et le bec peu crochu (Autruche); puis viennent les Oiseaux à bec gros et droit (Corbeaux, Pies), puis les Oiseaux terrestres à bec long (Alcyons); ensuite les Gallinacés, ensuite les Pigeons et successivement les Frugivores à bec fin (Merles, Grives), les petits Insectivores (Hirondelles), les Granivores de grande taille, ceux de moyenne taille et ceux de petite taille indigènes et exotiques; enfin les Oiseaux aquatiques à pieds fendus (Héron, Bécasse, Vanneau, etc.), et les Palmipèdes (2).

*

Linné ne s'inquiète plus, comme ses devanciers, des habitudes ou du séjour habituel des espèces; il ne tient compte absolument que de la forme du bec et des pattes pour classer les Oiseaux. Il partage ces Animaux en ordres de même que les Mammifères. Dans la première édition de son *Système de la Nature* (3), publiée en 1735, il y en a sept. Le premier comprend tous les oiseaux de proie diurnes et nocturnes (*Accipitres*); le second, les espèces ayant un bec convexe, tranchant sur sa partie inférieure et des pieds courts (*Picæ*); le troisième, les espèces à doigts palmés (*Anseres*); le quatrième, les espèces à bec presque cylindrique et à tarses longs (*Scolopaces*); le cinquième, les espèces à bec conique et à pattes propres à la course (*Gallinæ*); le sixième, les espèces à bec conique et à pattes grêles propres à sauter (*Passeres*); le septième, les espèces à bec long et en pointe aiguë (*Macrorhynchæ*).

Linné fit bientôt disparaître ce dernier, dont les représentants prirent place dans son quatrième ordre (*Grallæ*); du reste, jusqu'à la douzième et dernière édition de son *Systema Naturæ*, il n'apporta pas d'autre changement à sa classification, qui a été seulement un peu modifiée par Cuvier. Ainsi Linné réunissait les Pies-Grièches (*Lanius*) aux Oiseaux de proie, elles furent reportées parmi les Passereaux; son second ordre (*Picæ*) comprenait les Perroquets, Toucans, Calaos, Corbeaux, Paradis, Coucous, Pics, Alcyons, Grimpereaux, Trochiles; les uns, ceux qui ont deux doigts en arrière, formèrent pour Cuvier les Grimpeurs, les autres prirent place parmi les Passereaux; son troisième ordre (*Anseres*) fut adopté dans les mêmes limites sous le nom de Palmipèdes; son quatrième (*Grallæ*) est de même celui qui plus tard eut la dénomination d'Échassiers; son cinquième (*Gallinæ*) devint pour Cuvier les Gallinacés; son sixième, les Passereaux (*Passeres*), reçut les types détachés du premier et du second ordre. Ainsi, à peu près jusqu'à notre époque, la classification du naturaliste suédois a été généralement acceptée avec les modifications qui viennent d'être indiquées (4).

(1) *Ornithologiæ libri tres*. — Londini, 1676. Ouvrage posthume publié par Rai.
(2) *Synopsis methodica Avium et Piscium*. — Londini (1713).
(3) *Systema naturæ*, in-fol. Lugduni Batavorum (1735).
(4) *Systema naturæ*. — Editio duodecima, t. I. Holmiæ (1766).

Cependant les contemporains de Linné s'inspiraient peu du *Systema Naturæ*; chacun tenait à présenter sa méthode; ce qui a valu à la science d'assez tristes conceptions, méritant à peine d'être rappelées aujourd'hui. Un auteur allemand, Frisch, groupait les Oiseaux dans douze sections, ne reposant la plupart sur aucun caractère sérieux (1).

Un naturaliste français, Pierre Barrère, s'avisait de classer ces Animaux uniquement d'après les caractères fournis par les doigts et arrivait de la sorte aux plus singuliers rapprochements. Il comptait quatre classes ou divisions primaires: 1° les Palmipèdes, parmi lesquels figurent l'Avocette et le Flammant; 2° les Semi-Palmipèdes, c'est-à-dire les Foulques et les Plongeons (*Colymbus*); 3° les Fissipèdes réunissant les Perroquets, les Oiseaux de proie, les Grimpeurs, les Passereaux, les Pigeons et l'Autruche; et 4° les Semi-Fissipèdes; c'étaient les Échassiers, les Alcyons et les Gallinacés (2).

En Allemagne, vers la même époque, Klein n'était pas plus heureux. Il séparait, soi-disant d'après la conformation des pieds, les Oiseaux en huit familles dont le détail n'offre vraiment aucun intérêt. Une première famille comprenait l'Autruche seule; une seconde, le Nandou (*Rhea*), le Casoar, l'Outarde, l'Huîtrier, etc.; une troisième, les Perroquets, Pics, Passereaux, la plupart des Échassiers, les Gallinacés, etc. (3).

En 1752, dans une petite ville du Hanovre, un zoologiste eut l'idée de constituer une classification des Oiseaux toute différente de celles qui avaient paru jusqu'à lui, en prenant pour base des caractères auxquels on ne s'était pas encore arrêté. Mœhring établit d'abord quatre divisions primaires; il les nomma des classes. Sa première, celle des *Hyménopodes*, caractérisée par l'articulation tibio-tarsienne emplumée, et par les pieds revêtus en-dessous d'une membrane mince et écailleuse, comprend deux ordres. Le premier (*Picæ*) réunit les Corbeaux, Pics, Grimpereaux, Huppes, etc.; le second (*Passeres*), les Fringilles, Alouettes, Mésanges et Hirondelles. Sa seconde grande division, les *Dermatopodes*, celle des Oiseaux dont l'articulation tibio-tarsienne est emplumée, et les pieds garnis en dessous d'une peau rude, réunit aussi deux ordres: l'un (*Accipitres*), comprenant les Oiseaux de proie, les Engoulevents (*Caprimulgus*) et les Perroquets; l'autre (*Gallinæ*), les Gallinacés et les Pigeons. La troisième division de notre auteur (*Brachypteræ*) renferme un seul groupe, les Oiseaux coureurs, c'est-à-dire l'Autruche, le Casoar, le Dronte et l'Outarde. Enfin la quatrième division (*Hydrophilæ*), caractérisée par l'articulation tibio-tarsienne nue, comprend cinq ordres: le premier (*Odontorhynchæ*), qui réunit les Flammants (*Phœnicopterus*), les Pélicans et les Canards; le second (*Platyrhynchæ*), les Manchots (*Spheniscus*); le troisième (*Stenorhynchæ*), les Pingouins, Mouettes, etc.; le quatrième (*Urinatores*), les Plongeons (*Colymbus*) et les Foulques; le cinquième (*Scolopaces*), les Grues, Hérons, Cigognes, Oiseaux-Mouches, Bécasses, Huîtriers, Vanneaux, Cincles, etc. (4).

Cette classification frappe tout à la fois par des assemblages de types singulièrement différents et par quelques appréciations justes de certaines affinités naturelles.

Un ornithologiste français qui a acquis une certaine célébrité, Brisson, eut d'assez heureuses idées relativement à la classification des Oiseaux. Il fit une étude des caractères extérieurs plus complète qu'on ne l'avait fait encore; cette étude le conduisit à partager la classe qui nous occupe en vingt-six ordres. Il eût été plus juste sans doute d'appeler du nom de familles ces nombreuses divisions, mais il suffit qu'elles soient naturelles pour mériter d'être prises en sérieuse considération. Le premier ordre de Brisson ne comprend que les Pigeons; le second, les Gallinacés; le troisième, les vrais Oiseaux de

(1) *Histoire naturelle des Oiseaux* (1736).

(2) *Ornithologiæ specimen novum*. — Perpiniani (1745).

(3) J. T. Klein, *Historiæ Avium Prodromus*, in-4°. Lubecæ (1750).

(4) *Avium genera*, auct. P. H. G. Mœhringio, in-8°. (1752).

proie; le quatrième, les Corbeaux, Pies, Rolliers, Paradis, etc.; le cinquième, les Pies-Grièches, Grives, Cotingas et Gobe-Mouches (*Muscicapa*); le sixième, les genres Pique-Bœuf et Étourneau; le septième, les genres Huppe et Promérops; le huitième, les Hirondelles et les Engoulevents; le neuvième, les Tangaras, Moineaux, etc.; le dixième, les Alouettes, Bec-Figues (*Ficedula*) et Mésanges; le onzième, le genre Sitta; le douzième, les Grimpereaux (*Certhia*) et les Oiseaux-Mouches; le treizième, les Torcols, Pics, Jacamars, Barbus (*Bucco*), Coucous (*Cuculus*), Couroucous (*Trogon*) et Perroquets; le quatorzième, les genres Coq de roche (*Rupicola*), Martin-Pêcheur, Todier, Guêpier, Calao; le quinzième, les genres Autruche, Touyou (*Rhea*), Casoar et Dronte; le seizième, les Outardes, Échasses (*Himantopus*), Huîtriers et Pluviers; le dix-septième, la plupart des Oiseaux désignés par les auteurs modernes sous le nom d'Échassiers (*Grallæ*, Lin.); le dix-huitième, les genres Poule d'eau, Phalarope et Foulque; le dix-neuvième, les Grèbes; le vingtième, les Guillemots (*Uria*), Macareux et Pingouins (*Alca*); le vingt et unième, les Manchots (*Spheniscus*) et Plongeons (*Mergus*); le vingt-deuxième, les Albatros; le vingt-troisième, les Oiseaux de mer (*Sterna*, *Larus*, etc.); le vingt-quatrième, les Canards; le vingt-cinquième, les genres Paille-en-Queue (*Lepturus*), Fou, Cormoran, Pélican, et le vingt-sixième, les Flammants et Avocettes (1).

Brisson a évité avec le plus grand soin les réunions peu homogènes, ce qui l'a conduit sans doute à trop multiplier les divisions; néanmoins beaucoup d'entre elles se sont trouvées acceptées depuis, soit comme groupes primaires, soit comme groupes secondaires. En résumé, cet auteur a fait faire un progrès sensible à l'ornithologie; progrès qui cependant n'a pu être apprécié qu'après un long espace de temps.

Nous ne nous arrêterons pas à la classification proposée par Schœffer. Inspirée par celle de Brisson, elle s'en éloigne à quelques égards pour offrir les rapprochements les moins justifiés; c'est ainsi que les Grèbes et les Poules d'eau sont placés dans le même ordre; que les Pigeons et les Corbeaux sont groupés ensemble (2). Comme beaucoup de ses devanciers, Schœffer avait tiré ses caractères de la conformation des pieds; on voit par les résultats qu'il y avait beaucoup de manières de considérer ces parties.

Ant. Scopoli modifia l'arrangement de Linné sans que ce fût avec avantage. Il eut les Rétipèdes, qui ont la peau des jambes réticulée, formant six ordres; les Plongeurs, c'est-à-dire les Pingouins, Manchots et Grèbes; les Palmipèdes; les Longipèdes correspondant aux Échassiers (*Grallæ*, Lin.); les Gallinacés; les Rapaces et les Perroquets (*Psittaces*); puis les Scutipèdes, dont le devant des jambes est couvert de segments ou d'anneaux inégaux; ceux-ci partagés en trois ordres, les Négligés comprenant avec les *Picæ* de Linné les Pies-Grièches, les Chanteurs (*Passeres*, Lin.), et les Brévipèdes pour les Hirondelles et les Engoulevents, groupe emprunté à Brisson (3).

Une fois Linné mort, les zoologistes commencèrent à s'apercevoir que ce qui avait été proposé par ce savant était préférable en général à ce qui avait été produit ailleurs. Un auteur anglais apprécié des ornithologistes, Latham, adopta la classification du grand naturaliste suédois, en lui faisant subir quelques modifications heureuses. Aux six ordres établis par Linné, il en ajouta trois, ce furent les Pigeons (*Columbæ*), groupe admis à l'exemple de Brisson, les Autruches (*Struthiones*), division empruntée à Mœhring (*Brachypteræ*, Mœhr.) et les Pinnatipèdes pour les genres Phalarope, Foulque et Grèbe (*Urinatores*, Mœhr.) (4).

(1) *Ornithologie* (1760).

(2) *Elementa Ornithologiæ* (1774).

(3) *Introductio ad Historiam naturalem* (1777).

(4) *Synopsis Avium* (1781) et *Index Ornithologicus* (1790).

*

Un peu plus tard, Cuvier présenta un arrangement des Oiseaux tout à fait inspiré par celui de Linné. Il y eut : 1° les Oiseaux de proie (*Accipitres*), dont les Pies-Grièches furent expulsées pour être classées parmi les Passereaux ; 2° les Passereaux (*Passeres*), augmentés de ces dernières et d'une partie des *Picæ* de Linné; 3° les Oiseaux grimpeurs (*Scansores*), pour les représentants de l'ordre des *Picæ*, dont le doigt extérieur est tourné en arrière comme le pouce, qui comprit des types très-divers, comme les Pics, les Torcols, les Coucous, les Couroucous (*Trogon*), les Toucans, les Perroquets; puis, 4° de même que dans la méthode du naturaliste suédois, les Gallinacés (*Gallinæ*, Lin.), parmi lesquels furent conservés les Pigeons; 5° les Oiseaux de rivage (*Grallæ*, Lin.), et 6° les Oiseaux nageurs ou Palmipèdes (*Anseres*, Lin.). Ajoutons que Cuvier mentionna dans un paragraphe particulier, entre le chapitre des Gallinacés et celui des Oiseaux de rivage, avec ce titre : *Les Oiseaux qui ne peuvent voler*, l'Autruche, le Casoar, le Touyou (*Rhea*) et le Dronte (*Didus*). Ces types semblent ici être rattachés aux Gallinacés, mais il est facile de s'apercevoir que l'auteur, à cette époque, n'osait les comprendre dans aucune de ses divisions (1).

Il n'y a vraiment rien à dire de la classification de Lacépède. Celui-ci partage les Oiseaux en deux sous-classes suivant que le bas de la jambe est garni ou dénué de plumes et en quarante ordres (2).

Meyer et Wolf offrirent une distribution des Oiseaux qui s'éloignait encore à certains égards des précédentes; ces naturalistes admettaient une première division pour les Oiseaux terrestres comprenant sept ordres : 1° les Oiseaux de proie (*Accipitres*); 2° les Corbeaux (*Coraces*), emprunté à Brisson; 3° les Pics (*Pici*), pour les Pics, Torcols, Grimpereaux et Alcyons; 4° les Chanteurs (*Oscines*); 5° les Chélidons (*Chelidones*), c'est-à-dire les Hirondelles et les Engoulevents; 6° les Pigeons (*Columbæ*), ces derniers tirés encore de Brisson, et 7° les Gallinacés (*Gallinæ*). Une seconde division réunissait les Oiseaux aquatiques, partagés en deux ordres; 8° les Gralles (*Grallæ* ou Échassiers), et 9° les Nageurs (*Natantes*), c'est-à-dire les Palmipèdes (3).

A la même époque Illiger, en adoptant les vues de Cuvier à l'égard des Oiseaux, y apportait une modification bonne sous un rapport, mauvaise sous un autre. Admettant un ordre particulier (*Cursores*), pour l'Autruche et le Casoar, il plaçait dans la même division les Chevaliers (*Charadrius*), l'Avocette (*Himantopus*), les Huîtriers (*Hæmatopus*) et les Coure-Vite (*Tachydromus*). Pour les autres groupes cet auteur se contenta de changer les noms; les Oiseaux de proie furent les Ravisseurs (*Raptatores*); les Passereaux, les Marcheurs (*Ambulatores*); les Gallinacés, les Ratisseurs (*Rasores*), les Échassiers ou *Grallæ* furent les *Grallatores*; les Palmipèdes, les Nageurs (*Natatores*); les Grimpeurs conservèrent la dénomination imposée par Cuvier (*Scansores*) (4).

En 1815, M. Temminck exposa une nouvelle classification. Celle-ci n'a trait encore qu'aux Oiseaux de l'Europe, cependant elle permet déjà de juger des vues de l'auteur. Les Oiseaux, parmi lesquels, disons-nous, ne figurent pas les espèces étrangères, sont répartis dans treize ordres :

1° Les Rapaces (*Rapaces*), correspondant exactement aux Oiseaux de proie de Cuvier; 2° les Coraces (*Coraces*), pour les genres Corbeau, Jaseur, Loriot, Étourneau; 3° les Chanteurs (*Canori*), c'est-à-dire les genres Merle, Cincle, Gobe-Mouche (*Muscicapa*), Bec-Fin (*Sylvia*); 4° les Passereaux (*Passerini*),

(1) *Tableau élémentaire de l'histoire naturelle des Animaux*, in-8°. — Paris. an VI (1797).

(2) *Distribution méthodique des Mammifères et des Oiseaux* (1799).

(3) *Taschenbuch der deutschen Vögelkunde*. — Frankfurt am Main (1810).

(4) *Prodromus systematis Mammalium et Avium*, in-8°. — Berlin (1811).

pour les Alouettes, Mésanges, Fringilles, etc.; 5° les Grimpeurs (*Scansores*), pour les genres Coucou, Pic, Torcol, Sittelle (*Sitta*), Grimpereau (*Certhia*), Huppe; 6° les Alcyons (*Alcyones*), pour les Guêpiers et les Martins-Pêcheurs; 7° les Chélidons (*Chelidones*), pour les Hirondelles; 8° les Pigeons (*Columba*); 9° les Gallinacés (*Gallinæ*); 10° les Coureurs (*Cursores*, genre Outarde); 11° les Gralles (*Grallatores*), c'est-à-dire les genres Vanneau, Grue, Héron, Cigogne, Flammant, Ibis, Bécasseau (*Tringa*), Chevalier (*Totanus*), Barge (*Limosa*), Pécasse (*Scolopax*), Râle et Poule d'eau (*Gallinula*); 12° les Pinnatipèdes (*Pinnatipedes*), pour les genres Foulque, Phalarope et Grèbe, et 13° les Palmipèdes (*Palmipedes*), c'est-à-dire les Hirondelles de mer (*Sterna*), les Mouettes (*Larus*), Canards, etc., Pélicans, Cormorans (*Carbo*), Plongeons (*Colymbus*), Guillemots (*Uria*) et Pingouins (*Alca*) (1).

Comme dans l'ornithologie de Brisson, chaque groupe, chaque petite famille devient un ordre dans la classification de M. Temminck.

Vieillot, dont les ouvrages sont souvent cités par les ornithologistes, réduisit à cinq le nombre des ordres de la classe des Oiseaux. Les *Picæ* de Linné furent réunis aux Passereaux (*Passeres*), sous le nom de Sylvains (*Sylvicolæ*). Les Pigeons ordinairement classés avec les Gallinacés furent rangés avec les Sylvains. A cette époque, les classifications ornithologiques prirent une forme nouvelle; on commença à diviser les ordres en familles plus ou moins naturelles (2).

*

Jusqu'ici les naturalistes ne se sont occupés que du genre de vie ou des caractères extérieurs pour établir parmi les Oiseaux des divisions plus ou moins nombreuses. Maintenant une autre tendance va se manifester, sans toutefois se propager. Quelques considérations tirées de l'examen du squelette vont permettre de fixer certains points mieux qu'on ne l'avait fait encore.

De Blainville, dont les idées sur la classification des Animaux ont été souvent heureuses, mit au jour, en 1816, un arrangement des Oiseaux qui se distingue des précédents par des vues particulières. Ici les Oiseaux portent le nom de *Pennifères*. Bien que les caractères des grandes divisions soient pris surtout de la conformation des pieds, l'auteur assure, dans une note, s'être inspiré principalement de la forme du sternum et de ses annexes. De Blainville admet neuf ordres. Ce sont : 1° les Préhenseurs (*Prehensores*), c'est-à-dire les Perroquets; 2° les Ravisseurs (*Raptatores*) ou Oiseaux de proie; 3° les Grimpeurs (*Scansores*); 4° les Sauteurs ou Passereaux (*Saltatores*); 5° les Pigeons (*Giratores*); 6° les Marcheurs ou Gallinacés (*Gradatores*), 7° les Autruches (*Cursores*); 8° les Echassiers (*Grallatores*); et 9° les Palmipèdes (*Natatores*) (3).

Cette classification, comparée à celle de Cuvier, se distingue par des améliorations évidentes. Les Perroquets sont séparés des Pics ou Grimpeurs, auxquels ils ne ressemblent que par un caractère de très-faible importance, pour constituer une division propre qui se place naturellement en tête de la classe. A l'exemple de Brisson, un ordre particulier est formé pour les Pigeons. A l'exemple de Mœrhing et de plusieurs autres, les Autruches sont, avec toute raison, séparées des Échassiers.

Pendant le cours de cette même année 1816, un zoologiste de l'Allemagne, Merrem, émettait une opinion à laquelle on n'a prêté aucune attention, et qui, selon nous, cependant est pleine de justesse. Pour ce savant, les Oiseaux doivent être partagés d'abord en deux divisions principales, suivant qu'ils

(1) *Manuel d'Ornithologie ou Tableau systématique des Oiseaux qui se trouvent en Europe*, in-8°. — Amsterdam et Paris (1815).

(2) *Analyse d'une nouvelle Ornithologie élémentaire.* — Paris (1816).

(3) *Prodrome d'une nouvelle distribution méthodique du Règne animal.* — *Bulletin de la Société philomatique de Paris*, p. 105 (1816).

ont le sternum caréné (*Aves carinatæ*) ou le sternum plat (*Aves ratitæ*). Merrem partage ensuite les représentants de la première division : en Oiseaux aériens (*Aves aereæ*), comprenant les Rapaces, les Grimpeurs et les Passereaux; en Oiseaux terrestres (*Aves terrestres*), réunissant les Gallinacés et les Pigeons; en Oiseaux aquatiques (*Aves aquaticæ*), c'est-à-dire les Palmipèdes, et en Oiseaux de marais (*Aves palustres*), correspondant aux Échassiers. La seconde division renferme un seul groupe, celui des Autruches (Autruche, Casoar, Nandou *Rhæa*) (1).

*

En 1817, Cuvier reproduisit sa classification présentée vingt ans auparavant, sans autre changement que la réunion définitive des Oiseaux dont *les ailes sont tout à fait impropres au vol* avec les Échassiers, dont il forma la première famille sous le nom de *Brévipennes* (Autruche, Casoar, Nandou) (2). Cuvier n'acceptait pas aisément les progrès de la science lorsqu'ils n'étaient point dus à ses propres études.

En 1820, M. Temminck donna l'analyse d'un système général des Oiseaux. Lorsqu'en 1815 il prenait en considération seulement les espèces européennes, il admettait treize ordres, maintenant que les espèces étrangères prennent place dans sa classification, il en adopte seize; en outre, dans un grand nombre de cas, il présente de nouveaux noms. Le premier ordre, les Rapaces (*Rapaces*), demeure ce qu'il est resté pour tous les naturalistes; autrefois, à l'exemple de Linné, M. Temminck y avait placé les Pies-Grièches (*Lanius*), cette faute a disparu ici. Le second ordre, les Omnivores (*Omnivores* autrefois *Coraces*), comprend, outre les types européens déjà mentionnés, les Hoazins (*Opisthocomus*), Calaos (*Buceros*), etc.; le troisième, les Insectivores (*Insectivores*), correspond à celui qui dans la première classification avait reçu le nom de Chanteurs (*Canori*); les Brèves (*Pitta*), Fourmiliers (*Myothera*, Illig.), Vangas (*Vanga*, Vieill.), Pies-Grièches (*Lanius*), Cotingas (*Ampelis*), etc., sont classés dans ce groupe. Le quatrième ordre, pour lequel avait été réservée la dénomination de Passereaux, porte ici celle de Granivores (*Granivores*). Le cinquième ordre, les Zygodactyles (*Zygodactyli*), correspond à celui des Grimpeurs de Cuvier; le sixième, les Anisodactyles (*Anisodactyli*), réunit les Picucules, Sittelles, Grimpereaux, Colibris, Souimangas, Huppes, etc., confondus avec les précédents sous le nom de Grimpeurs dans la première classification du savant ornithologiste de la Hollande. Les ordres suivants, Alcyons, Chélidons, Pigeons, Gallinacés, demeurent ce que nous les avons vus précédemment. Le onzième ordre, les Alectorides (*Alectorides*), est établi pour quelques genres, rangés par le plus grand nombre des zoologistes parmi les Échassiers, ce sont l'Agami (*Psophia*, Lin.), le Cariama (*Dicholophus*, Illig.), les Glaréoles, le Kamichi (*Palamedea*, Lin.), et les Chavarias (*Chauna*, Illig.). Puis viennent : le douzième ordre, les Coureurs (*Cursores*), dans lequel prennent place, avec les Outardes et les Court-Vite (*Cursorius*), les Autruches et les Casoars; le treizième ordre, les Gralles (*Grallatores*); le quatorzième, les Pinnatipèdes; le quinzième, les Palmipèdes, tels que nous les avons vus dans le premier arrangement de l'auteur du *Manuel d'Ornithologie*, et enfin, le seizième ordre, les Inertes (*Inertes*), constitué pour deux types très-remarquables, l'Aptéryx (*Apteryx*, Shaw.), et le Dronte (*Didus*, Lin.) (3).

*

Après avoir passé en revue les nombreuses classifications ornithologiques que nous venons d'analy-

(1) *Tentamen systematis naturalis Avium.* — *Abhandlungen der Königlichen Akademie der Wissenschaften*, in Berlin. Bd IV. s. 237 (1816).

(2) *Le Règne animal distribué d'après son organisation*, t. I (1817).

(3) *Manuel d'Ornithologie, etc., précédé d'une analyse du système général d'Ornithologie.* — Seconde édition (1820).

ser brièvement, toutes les combinaisons semblent avoir été épuisées pour parvenir à représenter les affinités naturelles que présentent entre eux les divers types de la classe des Oiseaux. Certains naturalistes, avec Linné, avaient réduit à un petit nombre les divisions primaires, d'autres l'avaient restreint encore, d'autres au contraire l'avaient augmenté considérablement ; les caractères servant à édifier ces groupes étaient donc bien vagues. Mais il ne s'agit pas seulement de divisions plus ou moins nombreuses, selon les vues des auteurs, des types se sont trouvés associés tout différemment, sans qu'il fût démontré que l'on avait raison dans un cas, tort dans un autre. L'observation des mœurs, du genre de vie, de la forme du bec et des pieds n'avait pas amené les naturalistes les plus habiles à classer les Oiseaux d'une façon certaine, c'était à y renoncer si l'on se bornait aux mêmes moyens. La constatation de nouveaux faits devait seule promettre d'obtenir un meilleur résultat. On y songea peu cependant. De Blainville en France, Merrem en Allemagne, avaient voulu s'appuyer de quelques caractères tirés du squelette, mais nulle part on ne chercha à s'engager dans la voie indiquée par ces deux naturalistes.

A partir du moment qui vit paraître la seconde édition du Manuel de M. Temminck, les ornithologistes vont moins s'occuper des divisions primaires de la classe des Oiseaux ; leur attention se portera particulièrement sur les groupes secondaires, comme les familles et les tribus. Nous touchons à cette époque de la science où, dans toutes les branches de la zoologie, on commence à multiplier prodigieusement les divisions génériques. Les anciens genres de Linné comptent alors comme presque autant de familles.

Boié s'occupa essentiellement des familles ornithologiques. D'abord il admettait les six ordres de Linné (1) ; plus tard, sous le nom de *Insessores*, il réunit, comme Vieillot, les *Picæ* et les *Passeres* (2). Vigors s'efforça de même de définir les familles, et il donna à ces groupes des noms tirés de ceux des genres typiques avec une désinence particulière ; système de nomenclature offrant un avantage qu'on a surtout apprécié dans ces derniers temps (3).

Cependant, si l'arrangement général des Oiseaux, tel qu'il a été présenté par Cuvier dans son Règne animal, tend à dominer dans la science, des vues particulières se produiront encore à des intervalles plus ou moins éloignés. Il est vrai que dans la plupart des cas les auteurs se borneront à adopter ou à rejeter certains ordres admis par leurs devanciers.

Latreille, dans son livre des familles naturelles du règne animal, sépare les Oiseaux, à l'exemple d'anciens naturalistes, en Terrestres et en Aquatiques. Les premiers forment cinq ordres : 1° les Rapaces (*Rapaces*) ; 2° les Passereaux (*Passeres*) ; 3° les Grimpeurs (*Scansores*) ; 4° les Passérigalles (*Passerigalli*) ; et 5° les Gallinacés. Les seconds, c'est-à-dire les Aquatiques, ne comptent que deux ordres : 6° Les Échassiers (*Grallæ*), auxquels sont réunies les Autruches ; et 7° les Palmipèdes. Cette classification diffère donc simplement de celle de Cuvier par l'adjonction d'un ordre, celui des Passérigalles composé de types détachés des Gallinacés. Ces types, au nombre de trois, constituent pour Latreille autant de familles : ce sont l'Hoazin (*Opisthocomus* Illig. *Dysodes* Vieill.), les Pigeons (*Columbins*) et les Pénélopes (4).

Dans ses premiers écrits, le prince Charles Bonaparte, réunissant dans un même ordre les Passereaux

(1) *Ueber Classification, insonderheit der europäischen Vögel.* — *Isis* von Oken, 1822, s. 545.

(2) *Generalübersicht der ornithologischen Ordnungen, Familien und Gattungen.* — *Isis* von Oken. 1826. s. 975.

(3) *On the arrangement of the genera of Birds.* — *The zoological Journal*, vol. II, p. 39 (1826).

(4) *Familles naturelles du Règne animal* (1825).

et les Grimpeurs, réduisait à cinq le nombre de divisions ordinales dans les Oiseaux. Il partageait d'abord ces animaux en deux sous-classes; l'une, *Insessores*, comprenant les Rapaces (*Accipitres*) et les Passereaux (*Passeres*), ces derniers séparés en deux tribus sous les noms de *Scansores* et de *Ambulatores* (Grimpeurs et Passereaux des auteurs); l'autre, *Grallatores*, réunissant les Gallinacés (*Gallinæ*), les Echassiers (*Grallæ*) et les Palmipèdes (*Anseres*) (1). On remarquera ici que les noms employés pour désigner les sous-classes avaient reçu primitivement une acception beaucoup plus restreinte.

A la même époque, Lesson admettait aussi deux divisions primaires dans la classe des Oiseaux, mais bien différentes de celles de Charles Bonaparte. Les siennes correspondent aux *Aves ratitæ* et *Aves carinatæ* de Merrem. Ce sont ici les Anomaux (Autruche, Nandou, Casoar, Aptéryx) et les Normaux (Accipitres, Passereaux, Gallinacés, Échassiers et Palmipèdes). Lesson réunit également les Grimpeurs et les Passereaux dans le même ordre, et il divise l'ordre en trois sous-ordres : 1° les Grimpeurs; 2° les Marcheurs; et 3° les Passérigalles de Latreille, auxquels il ajoute les genres Ménure, Mégapode, etc., et dont il retranche l'Hoazin pour le placer parmi les Grimpeurs comme type de la famille des Dysodes (2).

Un naturaliste de la Suède, M. Sundevall, a fait intervenir une nouvelle idée pour la classification des Oiseaux, et a présenté un arrangement qui s'éloigne d'une manière assez notable de tous ceux de ses devanciers. M. Sundevall commence par répartir les Oiseaux dans deux sections primaires; l'une, celle des *Altrices*, comprenant les espèces qui nourrissent leurs jeunes; l'autre, celle des *Præcoces*, renfermant les espèces dont les jeunes peuvent prendre eux-mêmes leur nourriture aussitôt après la naissance (3).

Les *Altrices* sont divisés en deux légions, sous les noms de *Volucres* et de *Gressores*; les premiers ayant les tectrices des ailes courtes et le pouce seul dirigé en arrière, les seconds ayant ou les tectrices des ailes longues ou le doigt externe tourné en arrière comme le pouce. L'auteur suédois partage ensuite les *Volucres* en deux ordres, les *Passeres*, réduits ici aux genres *Emberiza*, *Fringilla*, *Pyrrhula* et *Loxia* du Règne animal de Cuvier, et les *Oscines*, réunissant les Passereaux dentirostres du même ouvrage, la seconde partie des Conirostres et les Ténuirostres, à l'exception des Oiseaux-Mouches. Les *Gressores*, à leur tour, comprennent six ordres, ce sont : 1° les *Macrochires*, pour les Cypsélides (Martinets) et les Oiseaux-Mouches (*Trochili*); 2° les *Pici*, pour les Pics et les Torcols; 3° les *Psittaci* (Perroquets); 4° les *Coccyges*, pour les Toucans (*Ramphastos*), les Barbus (*Bucco*), les Coucous (famille des Cuculides), les Jacamars (*Galbula*), les Martins-Pêcheurs ou Alcyons, les Guêpiers (*Merops*), les Rolliers (*Coracias*), les Calaos (Bucérotides), les Trogons, les Colious (*Colius*) et les Engoulevents (Caprimulgides); 5° les *Accipitres*; et 6° les *Pullastræ*, réunissant les Hoccos et Pénélopes (famille des Pénélopides), les Ménures (famille des Ménurides), les Musophages (famille des Musophagides), et les Pigeons (famille des Columbides).

M. Sundevall divise sa seconde section des Oiseaux, celle des *Præcoces*, comme la première, en deux légions et en huit ordres. La première légion, les *Cursores*, en comprend quatre : 1° les *Gallinæ*, correspondant aux Gallinacés des auteurs, moins les Pénélopes et les Thinocores; 2° les *Struthiones* (Autruches, Casoars); 3° les Alectorides, réunissant les Outardes, le Cariama, le Kamichi (*Palamedea*), les Chavarias (*Chauna*) et l'Agami (*Psophia*); 4° les *Grallæ* ou Échassiers de la plupart des ornithologistes avec les Thinocores, et moins les genres formant l'ordre précédent. La seconde légion, les

(1) *Saggio di una Distribuzione metodica degli Animali vertebrati* di Carlo Luciano Bonaparte. — Roma, 1831.

(2) *Traité d'Ornithologie*, par R. P. Lesson (1831).

(3) *Ornithologiskt System* af C. J. Sundevall. — *Kongl. Vetenskaps — Academiens Handlingar*, för år 1835, p. 43 (1836).

Natatores, renferme les quatre ordres suivants: 1° les *Gaviæ*, pour les Mouettes (Larides) et les Petrels (Procellarides); les *Steganopodes*, dont le nom est emprunté à Illiger, pour les Pélicans, les Frégates, les Paille-en-Queue (*Phaeton*) et les Fous (*Sula*); 3° les *Anseres*, pour le genre *Anas* de Linné; et 4° les *Urinatores*, pour les Plongeons (Colymbides), les Pingouins (Urides) et les Manchots (*Aptenodytes*). Ces dernières divisions, comme on le voit, répondent exactement aux quatre familles établies par Cuvier dans l'ordre des Palmipèdes: les Longipennes (*Gaviæ*), les Totipalmes (*Steganopodes*), les Lamellirostres (*Anseres*) et les Plongeurs (*Urinatores*).

M. Sundevall admet ainsi seize ordres dans la classe des Oiseaux, de sorte que si l'on s'arrêtait simplement au nombre, on pourrait croire qu'il s'est beaucoup rapproché de l'arrangement proposé par M. Temminck; mais en comparant les divisions présentées par les deux savants, on reconnaît qu'elles sont loin en général d'être composées des mêmes éléments. Il y a cependant les Alectorides qui comprennent la plupart des mêmes types, ainsi que les groupes formés aux dépens des Palmipèdes. L'ordre des *Pullastræ* de l'auteur suédois n'est autre que celui des Passérigalles de Latreille et de Lesson, dans lequel il a compris les Musophages. L'arrangement offert par M. Sundevall ne repose, au reste, sur aucune observation neuve en ce qui concerne les divisions ordinales, c'est seulement à l'égard des deux divisions primaires qu'il a adoptées sous les noms de *Altrices* et de *Præcoces* que surgit une considération nouvelle; cette considération, nous la verrons acceptée par plusieurs zoologistes. On penserait, en effet, au premier abord, qu'une différence profonde doit exister entre les Oiseaux dont les jeunes ont besoin du secours de leurs parents, et ceux dont les jeunes peuvent se suffire eux-mêmes dès l'instant de leur naissance. Pourtant, en y regardant de près, il est facile de se convaincre que certains Oiseaux appartenant à ces deux différentes catégories se ressemblent au plus haut degré. La comparaison seule des caractères de tous les types rangés d'une part, dans les *Altrices*, comme l'Aigle, le Perroquet, le Pigeon, et d'autre part dans les *Præcoces*, comme le Faisan, le Courlis, le Cygne, prouve manifestement qu'on n'est pas arrivé à un résultat en harmonie avec les affinités réelles des divers types de la classe des Oiseaux. Si l'on s'arrête au fait physiologique, il est aisé de voir combien son importance est médiocre.

Les Oiseaux qui prennent soin de leur progéniture sont ceux dont les jeunes naissent faibles, peu avancés dans leur développement; les Oiseaux dont les jeunes n'ont pas besoin du secours de leurs parents sont ceux qui naissent plus forts, plus avancés dans leur développement. Or, il arrive ici ce qui se produit dans toutes les classes du règne animal, que des espèces de groupes très-voisins, et jusqu'à des espèces appartenant au même groupe, naissent dans un état plus ou moins éloigné, plus ou moins rapproché de l'adulte, sans que de telles différences puissent permettre de rien préjuger à l'égard des affinités naturelles. Le Lièvre et le Lapin, personne ne l'ignore, ne paraissent pas au jour parvenus au même degré de force et de développement, et cependant il s'agit d'espèces que l'on rattache d'ordinaire à un seul genre. De semblables exemples pourraient être évoqués par centaines; ils prouvent clairement que les deux divisions primaires établies par M. Sundevall dans la classe des Oiseaux sont loin d'avoir l'importance qu'on leur a attribuée.

La séparation des Oiseaux en *Altrices* et *Præcoces* a été de suite adoptée par M. Richard Owen (1). Mais cet éminent zoologiste s'est borné, pour les ordres, à ceux d'Illiger, dont il prit les dénominations, à l'exception d'une seule, *Raptatores*, *Insessores* (*Ambulatores*, Illig.), *Scansores*, *Rasores*, *Cursores*, *Grallatores* et *Natatores*, rappelant que c'étaient les divisions admises par M. Kirby (2).

(1) *Cyclopædia of Anatomy and Physiology*, edited by Todd, vol. I, p. 265. Art. *Aves* (1836-1837).

(2) *Bridgewater Treatise*, vol. II, p. 444.

M. Georges-Robert Gray, auquel on doit de nombreux travaux sur les Oiseaux, ajoute seulement aux ordres acceptés par Cuvier celui des *Columbæ*, ne comprenant que les Pigeons, et celui des *Struthiones* (*Cursores*, Illig.), ce qui porte à huit le nombre des divisions ordinales dans la classe des Oiseaux : ce sont 1° les *Accipitres*, 2° les *Passeres*, 3° les *Scansores*, 4° les *Columbæ*, 5° les *Gallinæ*, 6° les *Struthiones*, 7° les *Grallæ*, et 8° les *Anseres* (Palmipèdes) (1). M. Gray n'a jamais modifié cet arrangement dans ses écrits les plus récents (2).

Dans les dernières années qui viennent de s'écouler, M. Charles Bonaparte s'efforça plus d'une fois d'améliorer la classification ornithologique. Un tableau publié en 1850 nous offre toujours les Oiseaux divisés d'abord en deux sous-classes. La première (*Insessores*) comprend maintenant quatre ordres : 1° les Perroquets (*Psittaci*), 2° les Oiseaux de proie (*Accipitres*), 3° les Passereaux (*Passeres*), auxquels sont réunis les Grimpeurs de Cuvier, et 4° les Pigeons (*Columbæ*), ordre partagé en deux tribus : les *Dididæ* (Dronte) et les *Columbidæ*. La seconde sous-classe, *Grallatores*, renferme également quatre ordres : les Gallinacés (*Gallinæ*), les Autruches (*Struthiones*), les Échassiers (*Grallæ*) et les Palmipèdes (*Anseres*) (3).

Un peu plus tard, à la réunion des naturalistes allemands à Mayence, qui eut lieu en 1852, le même auteur proposa quelques changements à cette classification. Il ajouta deux ordres à la série des *Insessores* : les *Gaviæ*, groupe formé des Longipennes et des Totipalmes de Cuvier, correspondant ainsi aux *Steganopodes* et *Gaviæ* de Sundevall, réunis, et les *Herodii*, comprenant les grands Échassiers, c'est-à-dire la famille des Cultrirostres de Cuvier, ou les Grues, les Hérons, les Cicognes et de plus les Flamants (*Phœnicopterus*) (4). Cet arrangement fut bientôt reproduit par son auteur avec la substitution des noms de *Altrices* et de *Præcoces*, de M. Sundevall, à ceux de *Insessores* et de *Grallatores*, et de *Herodiones* à celui de *Herodii* (5). Il faut seulement remarquer encore que les *Gaviæ* et les *Herodiones* ont été transportés de la seconde sous-classe à la première.

Une nouvelle modification ne tarda pas à se produire. On compta alors douze ordres : 1° les Perroquets (*Psittaci*), 2° les Rapaces (*Accipitres*), 3° les Passereaux (*Passeres*), réunissant toujours les Passereaux et les Grimpeurs, sauf l'exclusion des Perroquets; 4° les Ineptes (*Inepti*), groupe dans lequel sont rassemblés les genres *Epyornis* (6), Dronte (*Didus*), *Pezophaps* (7); 5° les Colombes ou Pigeons (*Columbæ*), 6° les Hérodiens (*Herodiones*), comprenant les Échassiers cultrirostres de Cuvier et de plus les Ibis; 7° les Pélagiens (*Gaviæ*), 8° les Ptiloptères (*Ptilopteri*), c'est-à-dire les Manchots; 9° les Gallines (*Gallinæ*), 10° les Gralles (*Grallæ*), Échassiers des auteurs, dont se trouvent retranchés les types formant le sixième ordre; 11° les Canards (*Anseres*), et 12° les Autruches (*Struthiones*). Les huit ordres premiers sont les *Altrices*, les quatre derniers, les *Præcoces*, que divers auteurs nomment maintenant *Sitistæ* et *Autophagæ*. Placés sur deux séries parallèles, les *Gallinæ* de la seconde série représentent, d'après l'auteur, les *Columbæ* de la première; les *Grallæ* correspondent aux *Herodiones*, les *Anseres* aux *Gaviæ*. et les *Struthiones* aux *Ptilopteri*.

(1) *A List of the genera of Birds* (1841).

(2) *Catalogue of the genera and subgenera of Birds, contained in the British Museum* (1855).

(3) *Conspectus systematis Ornithologiæ*, Caroli Luciani Bonaparte (Tableau), feuille in-plano. — Lugduni Batavorum, 1850.

(4) Communication faite à la réunion des Naturalistes allemands, tenue à Mayence. — Tableau in-4°, sans date.

(5) *Classification ornithologique par séries*. — *Comptes rendus de l'Académie des sciences*, t. XXXVII, p. 643 et 647 (1853).

(6) Isidore Geoffroy-Saint-Hilaire, *Note sur des ossements et des œufs trouvés à Madagascar dans des alluvions modernes et provenant d'un Oiseau gigantesque*. — *Comptes rendus de l'Académie des sciences*, t. XXXII, p. 101 (1851)

(7) Strickland, *The Dodo and its kindred or the history, affinities and osteology of the Dodo* (1848).

Cette fois, ce sont encore deux nouveaux ordres admis : les Ineptes, qui d'abord étaient placés dans la même division que les Pigeons, et les Ptiloptères, qui formaient simplement une tribu de l'ordre des *Anseres*. Ajoutons encore que les Plongeons (*Urinatores*), que Charles Bonaparte avait jusqu'ici laissés parmi les *Anseres*, se trouvent classés maintenant dans l'ordre des *Gaviæ* (1).

Enfin, un nouvel ordre a été proposé récemment par M. P. Gervais pour un type singulier, l'Hoazin (*Opisthocomus*). Cet Oiseau, rangé par les anciens naturalistes, et même par Cuvier, dans l'ordre des Gallinacés, fut placé, par Vieillot et quelques autres ensuite, avec les Passereaux. Latreille, comme on l'a vu, le mit dans son ordre des Passérigalles, à côté des Pigeons. Lesson en fit le type d'une famille pour laquelle il retint la dénomination de *Dysodes*, employée comme générique par Vieillot (2), plaçant cette famille dans son sous-ordre des Passereaux Grimpeurs, entre les Touracos et les Coucous (3). M. Gervais regarde l'Hoazin comme en effet plus voisin des Touracos que de tous les autres Oiseaux. « En attendant, dit-il, quelque observation nouvelle susceptible de mieux « faire » comprendre les » véritables affinités de l'Hoazin, on peut regarder l'ordre ou le sous-ordre des Dysodes qui aura pour » type unique cet Oiseau, à la suite des Grimpeurs, et quoique ses affinités avec les Musophagides aient » été à quelques égards exagérées, c'est dans le voisinage de ces Oiseaux que l'Hoazin paraît devoir » être classé (4). »

Pendant les quarante années écoulées depuis la publication du *Règne animal* de Cuvier, la classification des Oiseaux, on le voit, ne s'est pas assise sur des bases plus solides qu'auparavant. Les principales améliorations assez généralement acceptées de notre temps avaient été proposées à des époques déjà anciennes. En 1752, Mœrhing classait les Autruches dans une division spéciale et faisait de même pour les Manchots. En 1760, Brisson formait des Pigeons un groupe particulier, des Canards (Palmipèdes lamellirostres, Cuvier. — *Anseres* de plusieurs ornithologistes modernes), un autre groupe, comme l'a fait le prince Charles Bonaparte dans ses derniers écrits. En 1816, de Blainville instituait un ordre pour les Perroquets, et nous trouvons que Rai, dans son livre imprimé en 1713, avait déjà établi une section pour ces Oiseaux seuls.

Dans les temps modernes, l'Ornithologie a été l'objet de bien nombreux travaux ; on a fait de grands efforts pour perfectionner la classification : dans les détails, on a souvent réussi; mais lorsqu'on s'est occupé des divisions principales, d'ordinaire on a été moins heureux. Les classificateurs s'attachant toujours d'une façon presque exclusive aux formes extérieures ou à quelques particularités de mœurs, il a jailli peu de lumière nouvelle de l'observation de caractères que les naturalistes étudient depuis trois siècles (5). A la vérité, M. Lherminier, en France, M. Berthold, en Allemagne, ont appelé l'attention des zoologistes sur la configuration du sternum dans les différents groupes de la classe des Oiseaux, mais leurs travaux sont demeurés insuffisants pour éclairer relativement aux affinités de tous les types. L'étude du sternum conduit sans doute à d'excellents résultats; pourtant, ce n'est pas assez de cette étude, et d'ailleurs, on verra par la suite combien encore elle a été faite incomplétement.

(1) *Conspectus systematis Ornithologiæ.* — *Annales des Sciences naturelles*, 4e série, t. I, p. 105 (1854).

(2) *Nouveau Dictionnaire d'histoire naturelle*, t. XXIV (1818).

(3) Lesson, *Traité d'Ornithologie*, p. XXIV et p. 126 (1831).

(4) *Description ostéologique de l'Hoazin, du Kamichi, du Cariama et du Savacou.* — *Expédition dans les parties centrales de l'Amérique du Sud*, sous la direction du comte Francis de Castelnau, 7e partie, Zoologie. — 2e mémoire, p. 65 (1856).

(5) La publication de l'œuvre de Belon date de 1555.

Aussi, les ornithologistes qui sont parvenus à délimiter justement certains groupes y sont-ils arrivés surtout en considérant l'aspect, le *facies* des espèces, et à l'aide de ce tact qui s'acquiert par une longue fréquentation des musées.

*

Au reste, nous n'avons pas terminé ici l'histoire des classifications ornithologiques; nous avons à mentionner la plus importante dont ait été entretenu le public savant depuis quelques années. M. Isidore Geoffroy-Saint-Hilaire, dans ses cours au Muséum d'histoire naturelle et à la Faculté des sciences, a émis l'opinion, en se fondant sur la conformité d'organisation reconnue entre presque tous les Oiseaux, que ces animaux devaient être divisés en un nombre d'ordres fort restreint et qu'on devait voir seulement des familles dans la plupart des groupes auxquels les Ornithologistes attribuent un rang supérieur.

Nous avons le regret de ne pas avoir cette classification, publiée par M. I. Geoffroy-Saint-Hilaire lui-même. Elle l'a été par M. Lemaout, mais dans le livre de cet auteur l'importance des divisions est présentée comme dans les ouvrages antérieurs.

Ainsi, la classe des Oiseaux est partagée en trois divisions primaires : 1° les Alipennes, dont les membres antérieurs sont conformés en ailes; 2° les Rudipennes, chez lesquels ils sont conformes en moignons; 3° les Impennes, chez lesquels ils sont conformés en nageoires. La première division (Alipennes) comprend cinq ordres : 1° les Rapaces, 2° les Passereaux (Passereaux et Grimpeurs de Cuvier), 3° les Gallinacés, 4° les Echassiers, 5° les Palmipèdes (Palmipèdes de Cuvier dont sont exclus les Manchots); la seconde division (Rudipennes), deux ordres : les Inertes, dont le nom est emprunté à M. Temminck, et les Coureurs (Autruches, Casoars, Apteryx); la troisième (Impennes), un ordre seul, les Manchots (*Ptilopteri* Vieillot, Bonap.). M. I. Geoffroy-Saint-Hilaire place ses trois grandes divisions en séries parallèles : les Inertes de la seconde série représentent les Gallinacés de la première; les Coureurs représentent les Echassiers; les Manchots seuls de la troisième série représentent les Palmipèdes de la première (1).

*

Ce n'est point en ce moment que nous avons à présenter ni à discuter la classification ornithologique à laquelle nous nous arrêterons, cette classification devant être naturellement l'expression des faits anatomiques et physiologiques que nous allons exposer. Cependant, par la nécessité seule d'appeler les groupes par les noms que nous leur conserverons, il a bien fallu être fixé sur les points essentiels avant de tracer les premières lignes de ce livre, avant d'écrire un nom d'ordre ou un nom de famille sur notre première planche. Par la nécessité d'éclairer de suite notre lecteur sur la signification des termes que nous sommes obligé d'employer en parlant des différents groupes, nous sommes conduit à indiquer dès à présent nos idées générales, nous réservant de les discuter quand les faits qui vont être déroulés dans ce travail viendront nous fournir leur appui.

Chose étrange, les Oiseaux ne se modifient pas au même degré que les représentants des autres classes des vertébrés, comme le constatent et le répètent à l'envi les Zoologistes et les Anatomistes, et parmi eux, on multiplie les divisions ordinales plus que partout ailleurs. Là, des espèces, des genres,

(1) Emm. Lemaout, *Histoire naturelle des Oiseaux suivant la classification* de M. Isidore Geoffroy-Saint-Hilaire (1853).

des groupes considérables sont portés et reportés d'un ordre dans l'autre; des types sont associés ou séparés alternativement suivant le goût ou le sentiment de chacun. Toutes les opinions se manifestent tour à tour à l'égard des affinités des types ornithologiques, témoignant par leur mobilité même qu'on ne trouve presque nulle part à s'appuyer sur des caractères d'une certaine importance. Que voit-on, en effet, dans les arrangements de la classe des Oiseaux produits dans la science par divers auteurs? Les divisions que d'ordinaire on appelle des ordres, tantôt des agglomérations de types auxquels il n'est possible de trouver aucun caractère commun d'une valeur réelle, comme le groupe des Passereaux, où les Oiseaux-Mouches et les Alcyons prennent place au milieu ou à côté des Fringillides; comme le groupe des Grimpeurs, où se trouvent rapprochés les Perroquets, les Pics, les Coucous, etc.; comme les Palmipèdes encore, où sont rangés les Canards avec les Mouettes et les Pétrels; tantôt des divisions composées d'éléments si homogènes, telles que celles des Perroquets, des Pigeons, des Canards (*Anseres*), qu'on ne saurait y voir plus que des familles naturelles. N'étaient-ce pas là les genres de Linné? Les groupes restreints de M. Temminck et de M. Sundevall ne sont-ils pas souvent composés eux-mêmes de types tout à fait disparates? Nous voyons les Anisodactyles (1), où les Colibris figurent entre les Grimpereaux et les Souimangas; les Coccyges (2), qui réunissent les Barbus, les Coucous, les Alcyons, les Calaos, les Couroucous, les Engoulevents, etc.; les Pullastres (3), qui comprennent les Pénélopes, les Ménures, les Musophages et les Pigeons.

C'est beaucoup à l'aide de comparaisons avec ce qui est bien établi ailleurs que nous pourrons parvenir à fixer le rang des divisions ornithologiques. Dans l'opinion d'une foule de Naturalistes, chaque classe doit d'abord être divisée en ordres avant d'être divisée en familles. A notre sens, en procédant toujours de la sorte, on arrive dans plus d'une circonstance à dresser des classifications peu en harmonie avec les affinités naturelles. Le nombre des représentants d'un groupe, s'il est considérable, porte souvent les Zoologistes à multiplier les divisions et à leur attribuer une importance exagérée; or, il est évident, comme le dit M. Isidore Geoffroy-Saint-Hilaire, qu'il faut, sans compter combien de fois la même forme est reproduite dans la nature, s'attacher exclusivement aux ressemblances et aux différences organiques, si l'on veut apprécier justement les rapports des êtres entre eux.

Malgré la longue suite d'espèces d'Oiseaux connues, nous pensons que la grande masse de ces animaux ne doit pas être séparée en plusieurs ordres, car ces groupes ne sauraient en aucune façon présenter des caractères comparables à ceux des divisions ordinales dans les autres classes du règne animal, notamment dans les Mammifères, les Reptiles, les Insectes, etc. Tout Zoologiste est convaincu de cette vérité, mais comment ne pas la rappeler en voyant à quel point, dans l'application, on a agi dans un sens opposé?

Nous aurions désiré adopter comme ordres les trois divisions proposées par M. I. Geoffroy-Saint-Hilaire, les *Alipennes*, les *Rudipennes* et les *Impennes*, et ne pas avoir à introduire dans la science un seul nom nouveau; mais les Manchots ou les Impennes ne nous semblent pas offrir de particularités organiques assez considérables pour qu'on leur assigne un rang aussi élevé. Leurs caractères, à notre avis, témoignent d'une dégradation, sans être véritablement typiques.

En résumé, nous ne pouvons découvrir parmi les Oiseaux plus de deux types d'ordres : d'un côté, les Autruches, avec les Casoars et l'Apteryx; de l'autre, tous les représentants de la classe, à l'unique exclusion des premiers. Ce sont les deux divisions de Merrem, indiquées en 1816, les *Aves ratitæ* et les *Aves carinatæ*; seulement, les noms adjectifs de *ratitæ* et de *carinatæ* n'étant pas de la nature de ceux

(1) Temminck, voir p. 8.

(2) Sundevall, voir p. 10.

(3) *Ibid.*

que l'on emploie pour désigner les ordres, deux dénominations nouvelles sont rendues nécessaires : nous nous sommes arrêté à celles de Homalosterniens (*Homalosternii*) et de Tropidosterniens (*Tropidosternii*), qui expriment le même caractère, la forme particulière du sternum dans les deux groupes. L'ordre des Tropidosterniens, si vaste qu'il soit, sera de suite divisé en familles. Nous ne donnerons pas en ce moment la liste de ces familles, les résultats de nos recherches sur l'organisation de tous les types ornithologiques devant être exposés auparavant, de manière à nous permettre d'insister sur les caractères de chacune d'elles et de montrer jusqu'à quel point elles se circonscrivent.

*

Maintenant, il nous faut énumérer les travaux d'anatomie et de physiologie qui ont amené la connaissance de l'organisation des Oiseaux au degré où elle est arrivée à notre époque.

Les Oiseaux ne sont pas les êtres qui ont le plus donné lieu à des investigations de ce genre. Si les Zoologistes ont été particulièrement attirés vers ces animaux pour en décrire les espèces, pour en publier des figures, pour en observer les mœurs, les habitudes, les instincts, les Anatomistes au contraire se sont trouvés en général rebutés par la ressemblance extrême des organes dans les différents types de cette classe; cependant, nous aurons encore bien des observations à citer, peu de grands travaux il est vrai, mais beaucoup de mémoires et de notices, ainsi que des détails consignés dans les traités généraux.

*

Les anciens n'ont pas manqué de faire des observations sur les habitudes, sur le séjour des Oiseaux, mais ils se sont peu occupés de la structure interne de ces animaux. Aristote, on l'a vu, s'attachant à la considération des formes extérieures, a signalé des différences entre les principaux types. Pour nombre d'espèces, il a décrit le genre de vie, le mode de nidification, la ponte, etc., et a passé légèrement sur les faits anatomiques. Il ne vit rien de particulier dans les os des Oiseaux. Leur appareil alimentaire fixa un peu plus son attention. Après avoir remarqué que le tube digestif, tel qu'il est conformé chez ces êtres, diffère de celui de tous les autres animaux, il indique des modifications d'espèce à espèce, ou de genre à genre. Chez les uns, comme le Coq, la Perdrix, le Pigeon, il constate l'existence d'un jabot, et chez les autres une simple dilatation de l'œsophage, comme dans le Corbeau, la Corneille, par exemple. A la suite de quelques autres détails et d'un aperçu très-superficiel touchant la structure de l'estomac, il ajoute que l'intestin est étroit et simple lorsqu'on le développe, et offre d'ordinaire vers l'extrémité des appendices (*cæcum*) qui sont très-réduits dans les petites espèces. En divers endroits de l'antique *Histoire des Animaux*, il est question encore de la variabilité de position de la vésicule du fiel dans les Oiseaux, suivant les types, de la capacité et de la dilatabilité des poumons, de la situation des organes reproducteurs dans les deux sexes, avec quelques faibles détails sur ces parties et des observations assez étendues sur l'accouplement, etc. Selon le savant stagyrite, les Oiseaux n'ont ni oreilles, ni narines, mais seulement des ouvertures conduisant aux sensations que l'on perçoit à l'aide de ces organes. Aristote avait songé à suivre l'évolution du poulet dans l'œuf. Il a fait à ce sujet diverses remarques; ce ne sont pas là, sans doute, des études bien approfondies, mais on peut y voir le germe de cette science, qui, de nos jours, s'appelle l'embryologie. Il serait sans intérêt de recueillir dans les autres écrits des anciens ce qui s'y trouve concernant les Oiseaux; on voit assez par le peu de faits consignés par Aristote que l'antiquité ne nous a pas transmis de connaissances importantes sur l'organisation des animaux de cette classe; nous arrivons donc de suite à l'époque de la renaissance.

*

Il serait peu utile en effet pour notre sujet de compulser les œuvres produites pendant les siècles noirs du moyen âge. Pourtant il est un point qu'il importe de ne pas omettre de rappeler; la connaissance d'un fait remarquable date de cette période. Les amateurs de Fauconnerie s'étaient aperçus que les os des Oiseaux ont leurs cavités remplies par l'air. Le petit-fils de Barberousse, l'empereur d'Allemagne, Frédéric II, qui occupait le trône au commencement du treizième siècle, mentionna cette observation dans un *Traité sur la chasse* (1). Il fit aussi des remarques sur le sternum, notant que chez la Grue il existe une cavité pour recevoir la trachée-artère, considéra la saillie que forme chez beaucoup d'Oiseaux aquatiques l'os de l'aile correspondant au pouce des Mammifères et décrivit les poumons, puis l'estomac des Gallinacés et des Rapaces (2).

De son côté, Albert le Grand a laissé quelques notions touchant les organes génitaux du Coq et de la Poule (3).

*

Avec le seizième siècle commencent à paraître les observations sérieuses.

Belon, déjà cité ici pour son essai de classification, s'attacha à établir l'unité de plan entre la charpente de l'Oiseau et celle de l'homme. Pour sa démonstration il représenta en regard d'un squelette humain le squelette d'un Oiseau dressé (4).

Peu d'années après, un professeur de Nuremberg, Coiter, porta une attention sérieuse sur les traits les plus apparents de l'organisation des Oiseaux, et consigna succinctement les résultats de ses recherches dans un chapitre spécial (5).

L'anatomiste allemand avait reconnu l'épaisseur du diploé des os crâniens dans les Rapaces nocturnes, la surface lisse des hémisphères cérébraux, la grandeur du cervelet proportionnellement au volume du corps; il avait constaté que les membranes et les humeurs de l'œil diffèrent beaucoup de celles des autres animaux; que le cristallin est plus grand, qu'il existe un anneau corné engagé entre les lames de la sclérotique, et que l'oreille présente une membrane superficielle lâche, notamment dans les Oiseaux chanteurs, et au-dessous une membrane mince, tendue au-devant du conduit auditif, à laquelle adhère un osselet analogue au marteau.

A la suite de cet énoncé, l'auteur entre dans divers détails sur la position des oreilles, suivant les différents types. Passant brièvement en revue les formes variées de la langue chez les Oiseaux, il s'appesantit particulièrement sur la singulière conformation de l'appareil lingual chez les Pics. Un coup d'œil est jeté sur les organes de la respiration, la trachée-artère, les bronches, les poumons, et notre auteur constate que ces derniers, solidement fixés aux côtes et aux vertèbres thoraciques,

(1) Le célèbre Blumenbach a remis en mémoire ce fait un peu oublié. *Handbuch der vergleichenden Anatomie*, p. 252 (1805).

(2) *Reliqua librorum* Friderici imperatoris. *De Arte Venandi cum Avibus*. Edit. Schneider (1788).

Il existe plusieurs éditions de cet ouvrage. On assure que la Bibliothèque Mazarine en possède un manuscrit beaucoup plus complet qu'aucune d'elles.

(3) *De animalibus*, lib. II, cap. III et IV. *De membris genitalibus animalium omnium secundum comparationem ad genitalia hominis*, et *De diversitate matricum animalium generantium vel ovantium*. Voyez l'édition de Lyon (1651).

(4) *L'histoire de la nature des Oiseaux*, par Pierre Belon, du Mans, p. 41. Paris (1555).

(5) *De anatomia Avium*, in *Externarum et internarum principalium humani corporis partium tabulæ atque anatomicæ exercitationes*. — *Observationes anatom. chirurg. Miscellanea*, p. 130. Norimbergæ, in-fol. (1573).

sont perforés. V. Coiter indique encore nettement la différence notable que présente l'estomac ou le gésier chez les Oiseaux granivores et les Oiseaux carnivores ou ichthyophages; épais et charnu dans les premiers, au contraire très-ample et lâche dans les autres. A l'appui du fait général, il donne quelques détails plus circonstanciés à l'égard de certains types pris comme exemples, les Harles, les Mouettes, etc.

Ajoutons que l'anatomiste allemand a joint à son travail des figures, représentant : le squelette et la langue du Perroquet (*Chrysotis amazonica*), les squelettes de l'Étourneau, de la Grue, du Cormoran et les têtes du Pic-vert et du Torcol, avec leur os hyoïde en position.

Un médecin allemand, Michel Bapst, de Rochlitz, remarqua que le sang des Oiseaux avait une couleur plus rouge que celui de tous les autres animaux (1).

Aldrovandi inséra dans ses livres d'Ornithologie un certain nombre d'observations anatomiques dues à plusieurs savants. Ce ne sont pas des études approfondies, mais, telles qu'elles, il n'est peut-être pas complétement inutile de les mentionner.

Nous trouvons là, en effet, la première description qui ait été donnée du système musculaire d'un Oiseau. Cette description porte sur l'Aigle royal (*Aquila chrysaetos*). Une grossière représentation du squelette y est jointe (2). A l'égard des Perroquets, l'auteur, s'occupant de la tête osseuse et de ses muscles, a remarqué la mobilité de la mandibule supérieure et la vaste capacité du crâne, comparativement à ce qui se voit chez les autres Oiseaux. Des figures montrent l'ensemble du squelette et l'ostéologie de la tête (*Chrysotis amazonica*) (3). Une description de la charpente osseuse de l'Autruche y est reproduite d'après Ambroise Paré. Enfin on trouve encore consignées dans ce vaste ouvrage (4), indigeste et pénible à consulter, comme l'a dit Cuvier, des remarques sur les organes de la génération de la Poule (5), sur l'ostéologie du Cygne et la courbure de sa trachée-artère (6), quelques détails sur les principaux viscères de l'Oie et du Canard (7), et de plus, des figures tout à fait défectueuses de la trachée-artère et de l'estomac du Cormoran (8) et du squelette de la Grue (9).

Vers la fin du seizième siècle se poursuivaient des recherches dont plusieurs ne virent le jour qu'un peu plus tard.

L'anatomiste de Padoue qui s'est rendu célèbre par la découverte des valvules des veines, Fabrizio d'Aquapendente, s'occupait à certains égards de l'organisation des Oiseaux. Il a figuré et décrit mieux que ses devanciers les organes génitaux de la Poule et les enveloppes de l'œuf et de l'embryon (10). Ailleurs il a consigné des remarques sur le canal digestif et signalé la poche qui s'ouvre dans le cloaque, et que depuis les anatomistes désignent sous le nom de *bourse de Fabricius* (11). Traitant

(1) *Wunderbares Leib- und Wundarzneybuch*, t. II, in-8° (1590).

(2) Ulyssis Aldrovandi *Ornithologiæ, hoc est de Avibus historiæ*, libr. XII, t. I, p. 122. In-fol., Bononiæ (1599).

(3) L. cit., t. I, p. 643-644.

(4) L. cit., p. 597.

(5) L. cit., t. II, p. 205, etc.

(6) L. cit., t. III, p. 12-15.

(7) L. cit., t. III, p. 106 et 190.

(8) L. cit., t. III, p. 264-265.

(9) L. cit., t. III, p. 330.

(10) *De formatione ovi Pennatorum.* — Hieronymi Fabricii ab Aquapendente, *Opera omnia anatomica et physiologica*, p. 1. Lugduni Batavorum (1738).

(11) *De ventriculo, intestinis et gula.* Patavii (1618). — *Opera omnia*, p. 99.

d'une manière générale de la respiration et de ses instruments, il a noté plusieurs particularités des poumons des Oiseaux, et le rôle des apophyses des côtes dans l'acte respiratoire (1). Dans son livre sur la vision, la couleur claire est regardée comme plus favorable que la teinte foncée à la vision des Oiseaux nocturnes (2). Dans un écrit sur l'appareil auditif, notre auteur s'est efforcé d'établir que les Oiseaux ne sont pas dépourvus d'oreilles, comme cela fut affirmé par les anciens, ajoutant que si ces organes avaient présenté une conque, l'air s'introduisant dans son intérieur pendant la locomotion rapide de l'animal eût gêné sa course (3). Dans un traité sur le larynx, des exemples sont pris de la Poule, de l'Oie, du Dindon (4). Deux dissertations, consacrées l'une au vol, l'autre à la natation, contiennent encore une série d'aperçus ayant trait aux Oiseaux (5).

Un médecin de Plaisance, qui devint plus tard le successeur de Fabrizio d'Aquapendente dans sa chaire de l'université de Padoue, J. Casserio, auteur d'un petit ouvrage sur les organes de la voix et de l'ouïe, a représenté le larynx et la trachée-artère chez le Dindon, le Cormoran, le Héron, avec des explications passablement détaillées (6). Pour la structure des oreilles des Oiseaux, il a donné des exemples tirés de l'Oie et du Dindon (7).

Pendant le grand mouvement scientifique du dix-septième siècle, les études anatomiques sur les Oiseaux se multiplièrent et conduisirent à la connaissance d'un grand nombre de faits.

Scaliger publia quelques observations sur l'appareil alimentaire des Oiseaux (8).

Au rapport de Gassendi, Peiresc, ce conseiller du parlement d'Aix, mort en 1637, qui fut l'ami et le protecteur des savants et des gens de lettres de son époque, avait constaté que l'humeur aqueuse est proportionnellement plus abondante chez les Oiseaux (Hiboux) que chez l'homme (9).

Fabricius de Hilden laissa aussi certaines remarques sur le système osseux et le larynx des Oiseaux (10).

L'illustre Harvey s'est occupé du cœur dans ce groupe d'animaux; il a constaté que ses ventricules n'étaient point traversés, comme chez les Mammifères, par des brides musculaires, et qu'ils ne présentaient point de valvules tricuspides (11). A l'aide d'une expérience fort simple, il montra l'influence de la chaleur sur la persistance de l'irritabilité du cœur. Chez un Pigeon dont les battements du cœur et des oreillettes étaient fort affaiblis, avec le doigt chaud et humecté, appliqué sur le cœur, il vit renaître les mouvements (12). Le grand physiologiste décrivit encore les reins des Oiseaux, et le premier sut reconnaître leur fonction, ainsi que le trajet des urétères (13); le premier aussi il observa que les orifices

(1) *De respiratione et ejus instrumentis*. Patavia, in-4° (1615). — *Opera omnia*, edit. prim. Leipzigæ, p. 161 (1687).

(2) *De oculo, visus organo, oculi dissecti historia.* — *Opera omnia*, edit. sec., p. 187.

(3) *De aure, auditus organo*. Venetia (1600). — *Opera omnia*, p. 249-258.

(4) *De larynge, vocis instrumento* (1600). — *Opera omnia*, p. 268, tab. III, fig. 17-19.

(5) *De alarum actione, hoc est volatu.* — *Opera omnia*, p. 372, et *De natatu.* — *Opera omnia*, p. 377.

(6) Julii Casserii, etc. *De vocis auditusque organis historia anatomica*. p. 43, tab. VIII. Ferrariæ (1600).

(7) L. cit. *Tractatus secundus*, tab. VIII, fig. 1-6, p. 34; tab. IX, fig. 12-13, p. 50.

(8) *De Avium ventriculo atque ingluvie.* — *Exotericarum exercitationum libri XV. De subtilitate ad Hieronymum Cardanum* p. 700. Hanoviæ (1620).

(9) Gassendi. *Vita Peirescii*, p. 296, in-4° (1641).

(10) *Kurze Beschreibung der Fürtrefflichkeit, nutz und nothwendigkeit der Anatomie*, p. 224. Bern (1624).

(11) *Exercitationes anatomicæ de motu cordis et sanguinis in animalibus*. Francofurt., in-4° (1628). Edit. Lugduni Batavor., p. 193 (1639); edit. Rotterdami (1648).

(12) *Exercitationes de generatione animalium*. Exerc. 38, p. 131.

(13) L. cit., p. 62 (ed. 1639), p. 51 (ed. 1648).

pratiqués dans les poumons établissent des communications avec de grandes cellules à parois membraneuses, logées dans le thorax et l'abdomen, et qui ne sont autre chose que des réservoirs à air (1). La constatation des ouvertures des poumons, on l'a vu précédemment, avait déjà été faite par Coiter; c'est donc à tort que C. Bartholin attribue à Harvey d'avoir dit avant tout autre que les poumons des Oiseaux sont perforés (2); seulement ce dernier fit connaître les communications qui avaient échappé à ses devanciers. Le grand physiologiste anglais a encore examiné les organes génitaux du Coq (3).

Georges Ent, l'ami de Harvey et le défenseur de sa doctrine, décrivit la rate de plusieurs Oiseaux en traitant de la fonction de cet organe (4).

Un professeur napolitain, Severino, qui tenait à porter ses investigations anatomiques sur tous les types du règne animal, a présenté quelques remarques concernant les Oiseaux. Il s'est occupé d'une manière générale de la conformation des pattes, attribuant à cette conformation la faculté que possèdent les Oiseaux de demeurer perchés pendant le sommeil. Ensuite, il a signalé diverses particularités relatives aux viscères chez le Hibou, le Canard, l'Oie, la Cresserelle, la Caille, le Corbeau, le Foulque, la Colombe, etc (5).

J. Johnston, médecin en Silésie, bien connu par son histoire naturelle des animaux, a décrit la langue et l'estomac de l'Outarde, des Mouettes, du Foulque; la langue, l'estomac, la rate, etc., du Gypaète (6).

De son côté, le grand Galilée s'appliquait à montrer combien les os des Oiseaux étaient construits d'une manière heureuse pour réunir la force et la légèreté (7).

La Scandinavie a fourni aussi à l'anatomie des animaux un contingent qui mérite d'être apprécié.

Thomas Bartholin, célèbre par ses découvertes sur les vaisseaux lymphatiques, nous a laissé plusieurs observations relatives aux Oiseaux. On lui doit une étude sur le Cygne (8), la description de la trachée-artère de la Grue (9), des remarques sur les plumes du Paradisier (10), des remarques générales sur les poumons des Oiseaux (11).

Au temps qui nous occupe en ce moment, un anatomiste allemand, C. V. Schneider, étudiait particulièrement la conformation de l'organe de l'odorat; il décrit les narines des Oiseaux comme des tubes membraneux que l'on pourrait nommer des vésicules tubuleuses, et il constate l'absence de lame criblée de l'ethmoïde (12).

Le même auteur s'est encore efforcé d'établir que le palais des Oiseaux est lubrifié par l'humeur de certaines glandes, comme chez les Mammifères (13), et que leur œil manque de cette poulie dans laquelle s'engage le muscle grand-oblique chez l'homme et tous les mammifères (14).

(1) *Exercitationes de generatione animalium.* Ex. 5 et Ex. 6, p. 27. Amstelod. (1651).

(2) *Exercit. de gener. anim.* Ex. 3, p. 5 (1651).

(3) Caspari Bartholini, *Diaphragmatis structura nova*, p. 30. Parisiis (1676).

(4) *Apologia pro circulatione sanguinis.* Londini, 8° (1641); edit. sec. 8° (1685).

(5) *Zootomia democritea*, Marci Aurelii Severini, p. 332. Norimbergæ (1645).

(6) *Historiæ naturalis de Avibus libri VI* (1651). — *De Ossifraga*, p. 14. — *De Otide sive Tarda*, p. 64. — *De Laris*, p. 129. — *De Fulica*, p. 146.

(7) *Discorsi e dimostrazioni matematiche.* T. II, p. 444 (1655).

(8) *Cygni anatome ejusque cantus.* Hafniæ, 4°, avec une figure du squelette (1648). — *Cygni anatome* in *Historiarum anatomicarum rariorum Centuriæ.* Cent. II, p. 281 (1654).

(9) *Gruis anatome.* L. cit., cent. IV, p. 234 (1657).

(10) *De Ave Paradisiaca.* L. cit., cent. VI, p. 292 (1661).

(11) *De pulmonibus* in Marci Malpighii *Opera omnia.* T. II, p. 337.

(12) Conradi Victoris Schneideri *De osse cribriformi et sensus ac organo odoratus*, p. 180 et suiv. Wittebergæ (1655).

(13) *De catarrhis*; cap. *De vitulo.* Wittebergæ (1660).

(14) *De catarrhis*, p. 362.

Durant cette période scientifique, un physicien anglais, Robert Boyle, établit par des expériences que les Oiseaux ont proportionnellement un besoin d'air plus impérieux que tous les autres animaux (1), et que les espèces aquatiques peuvent vivre dans un air raréfié un peu plus longtemps que les autres (2).

Cornelius Consentinus, Calabrais, qui exerçait la médecine à Naples, observe dans le jabot des Pigeons le liquide laiteux sécrété par des glandes, et qui, d'après les études de Hunter, sert à la nourriture des jeunes (3).

La Hollande comptait alors aussi bien des anatomistes éminents. L'un d'eux, Regner de Graaf, examine le pancréas dans plusieurs types, et reconnaît à cet organe la présence d'un double conduit, comme dans les Faisans, les Pintades, les Oies, les Canards; et souvent même d'un triple, comme chez les Coqs, les Pigeons, les Pics, etc. (4). Il décrit en outre, avec plus de détails que ses devanciers, les organes génitaux de la Poule, et en donne des figures ainsi que de ceux du Coq (5).

*

La lecture des écrits des auteurs appartenant aux siècles passés montre souvent que l'idée de l'anatomie comparée est d'une époque moins récente qu'on ne l'a dit en maintes circonstances. Le célèbre Anglais Thomas Willis nous en offre encore un exemple. Dans son livre sur l'anatomie du cerveau, un chapitre est consacré à la description de cet organe dans les Oiseaux et les Poissons. A l'égard des premiers, notre auteur signale le caractère général de la dure-mère, dépourvue de faux et présentant quatre sinus; la ténuité de la pie-mère, qui n'est parcourue que par de rares vaisseaux. Il constate l'absence de voûte et de corps calleux, et croit également à l'absence de corps striés. Un fait frappe sérieusement l'habile anatomiste. Ayant reconnu la même conformation générale dans le cerveau des Mammifères et celui de l'homme, il s'étonne de voir chez les Oiseaux les deux volumineuses protubérances débordant les hémisphères de chaque côté, et d'où naissent les nerfs optiques. Willis ne reconnaît pas sans doute dans ces corps les analogues des tubercules quadrijumeaux des Mammifères; il les considère comme constituant un cerveau accessoire; mais toujours est-il que, dès ce moment, un remarquable caractère anatomique du type ornithologique se trouve établi dans la science (6).

Dix ans plus tard, dans un autre écrit, il s'occupa de l'appareil respiratoire des Oiseaux, et admit que l'air, introduit en grande quantité dans leur abdomen, doit servir non-seulement à les rendre plus légers, mais encore, par suite d'une expiration plus longue, à faciliter le chant chez certains d'entre eux (7).

Dans le même temps, un micrographe anglais, Robert Hooke, s'est occupé de la structure et de la formation des plumes (8).

(1) *Experimenta nova physico-medica de gravitate et elatere aeris.* Exp. 41. Oxoniæ, 8° (1661).

(2) *New pneumatical Experiments about Respiration.* — Philosophical Transactions. T. V, n° 62, p. 2011 (1670).

(3) *Progymnasmata physica in septem exercitationes divisa.* Prog. 5. Venetia, 4°. (1663).

(4) *De succi pancreatici natura et usu.* Leyd. (1664). — *Opera omnia.* p. 285. Lugd. Batav., 8° (1678).

(5) *De mulierum organis generationi inservientibus.* — *Opera omnia*. p. 170. Tab. 17 et 18 (1678).

(6) *Cerebri anatome.* — Cap. V. *Volucrum et piscium cerebra describuntur.* London (1664). Réimprimé in Mangeti *Bibliotheca italiana*. T. II, p. 254. Genevæ, fol. (1680).

(7) *De anima brutorum*, p. 48. Amstelod. (1674).

(8) *Micrographia or some physiological descriptions of some minute bodies made by magnifying-glasses. with observations and inquiries made thereupon.* London, fol. (1665).

Commelin a fait connaître une glande, placée sous la paupière supérieure, dans le Canard, décrit la trachée-artère des Oiseaux, comme se divisant à son entrée dans le thorax en deux branches, d'une texture plus molle que la trachée elle-même, et présenté quelques observations sur les poches aériennes du Pigeon (1).

Les membres de l'*Academia del Cimento* ont fait des expériences sur des Oiseaux placés dans le vide (2), et ont constaté la puissance triturante du gésier des Poules et des Canards. Ils reconnurent que de petits morceaux de cristal qu'on avait fait avaler à ces animaux se trouvaient réduits en poudre impalpable (3).

Nicolas Stenon donnait quelques indications relatives aux glandes salivaires et au pancréas des Oiseaux (4), et dix ans après il publiait une description extrêmement détaillée de tout le système musculaire de l'Aigle, mais sans se livrer à aucune comparaison (5).

En Italie, Malpighi signalait la présence d'un épiploon sur le gésier (6), présentait quelques remarques sur les reins (7), et suivait le développement du Poulet dans l'œuf (8).

En Hollande, Swammerdam s'efforçait d'expliquer le mécanisme de la respiration dans les Oiseaux (9), et suivant le témoignage de Birch (10), il aurait reconnu la présence des vaisseaux lymphatiques chez ces animaux, et adressé à la société royale d'Angleterre une préparation de Poule, où ces vaisseaux étaient mis en évidence.

En Angleterre, Needham examinait de nouveau les poumons des Oiseaux (11), et, dans un petit ouvrage sur la circulation, Richard Lower décrivait avec assez de détails le cœur de ces animaux et ses valvules (12).

Nous avons maintenant à mentionner les écrits de plusieurs savants danois. On a de Olaus Borrich ou Borrichius divers détails anatomiques sur les Oiseaux. Il a publié une notice sur l'Aigle, contenant une brève description de la langue, de l'œil, de l'appareil alimentaire, de la position du cœur, accompagnée de deux figures, l'une de la langue, l'autre de l'estomac ouvert. Cet auteur décrivit la troisième paupière, signala les points lacrymaux, l'un à la paupière supérieure et l'autre à la paupière inférieure, et assura avoir observé les vaisseaux lymphatiques (13). Il a donné sur la

(1) *Observationes anatomicæ selectiores collegii privati amstelodamensis*, p. 33, 35 et 37 (1665).

(2) *Raccunto degli accidenti vari di diversi animali messi nel voto. — Saggi di naturali esperienze fatte nell' Academia del Cimento* (1666), 2ª ediz., p. 113-116 (1691).

(3) *Esperienze intorno alla digestione d'alcuni animali*. L. cit. (1666). 2ª ediz., p. 268 (1691).

(4) *De musculis et glandulis. — Observationum specimen cum duabus epistolis anatomicis*, Hafniæ, 4º (1664).

(5) *Historia musculorum Aquilæ. — Acta hafniensia*. T. II, p. 320 (1675), reproduit par Blasius. *Anatome animalium*. p. 138 (1681).

(6) *De omento, pinguetudine et adiposis ductibus exercitatio*. Bonon. (1665). — *Opera omnia*. t. II, p. 252, et T. II, p. 38 de l'édit. fol. Londini (1687).

(7) *De viscerum structura exercitatio*. Bonon., 4º (1666). — *Opera omnia*. T. II, p. 179 ; t. II, p. 97, edit. Londini (1687).

(8) *De formatione Pulli in ovo*. Londini (1673). — *Opera omnia*.

(9) *Tractatus physico-anatomico-medicus de respiratione usuque pulmonum*. Sect. 2ª, cap. VI. *Respiratio in pennatis*. Leidæ (1667).

(10) *The History of the royal society of London*. T. III, p. 342 (1757).

(11) *Disquisitio anatomica de formato fœtu*. Cap. VI, p. 187, Lond. (1667).

(12) *Tractatus de corde, item de motu et calore sanguinis et chyli in eum transitu*. P. 60, Amstelodami (1669) ; p. 40 de la 1re édit., Londini (1680).

(13) *Aquilæ anatome. — Acta medica et philosophica hafniensia*, ann. 1671-1672, p. 6 (1673), et *Historia Aquilæ. — Hermetis Ægyptiorum et chemicorum sapientia*, p. 251, Hafniæ (1674).

Colombe des observations relatives à l'appareil digestif, au cœur, à la trachée-artère, etc., et là il s'attache à redresser certaines erreurs de Severino, comme la présence d'une valvule cornée au ventricule droit du cœur et l'absence de cœcum, que ce dernier admettait chez les Pigeons (1). Il a présenté en outre des remarques sur les variétés de formes de la langue et de l'os hyoïde dans les Oiseaux, avec des figures représentant ces parties chez l'Aigle, l'Oie, le Canard, plusieurs Gallinacés et le Perroquet (2).

Un autre professeur de Copenhague, Oliger Jacobæus, a donné une description et des figures du canal intestinal du Hibou et du Héron (3), et s'est occupé avec plus de détails de l'anatomie du Perroquet. Il s'agit ici encore de l'appareil digestif, de la trachée-artère, de ses cartilages, de ses muscles, de la langue, de l'oreille, des poumons, s'ouvrant dans une cavité revêtue d'une membrane, qui s'étend jusqu'au bassin (4). Un peu plus tard, Oliger Jacobæus, ayant eu l'occasion de disséquer la Cicogne, décrivit les poches aériennes de cet oiseau et leur communication avec le poumon, communication assez large, dit-il, pour livrer passage à une plume d'Oie. A cela notre auteur ajoute, contrairement à l'assertion de Pline, que les intestins décrivent de nombreuses circonvolutions et qu'il existe deux cœcums, comme chez beaucoup d'autres Oiseaux (5). En même temps il fit connaître l'appareil lingual du Pic noir (*Picus Martius*) (6).

C. Bartholin, le fils de l'auteur du même nom que nous avons déjà cité, représenta les principaux viscères du Paon (7), et dans un petit livre spécial sur la structure du diaphragme, il avance que ce muscle est remplacé chez les Oiseaux par des membranes et des fibres musculaires (8).

*

Pendant les années qui suivirent, celles où furent mis au jour les travaux que nous venons d'énumérer, des observations de détail concernant les Oiseaux se produisirent et furent consignées pour la plupart dans des écrits ayant pour objet l'étude de tel ou tel organe.

On doit à J. Conrad Peyer, ce médecin suisse bien connu de tous les anatomistes par ses recherches sur les glandes de l'intestin, comme son ami Harder et comme Brunner, une étude approfondie du canal intestinal de la Poule, dont le premier il fit connaître la structure (9). D'autres sujets relatifs à l'organisation des Oiseaux occupèrent encore ce savant. Il croyait à l'absence de vaisseaux chylifères chez ces animaux, et admettait que le chyle passe directement de l'intestin dans les veines mésaraïques (10). Il décrivit et figura les reins et les uretères chez l'Oie (11), appela l'attention sur les glandes du croupion, dont le produit huileux lui paraît destiné à lustrer les plumes (12), s'assura que les

(1) *Anatome Columbæ*. — *Acta hafniensia*, 1671-1672, p. 185 (1673).

(2) *Lingua Avium cum osse hyoide expensa*. — *Acta hafniensia*, vol. II, ann. 1673, p. 155 (1675).

(3) *Canalis alimentorum Ululæ et canalis alimentorum ex Ardea*. — *Acta hafniensia*, vol. II, ann. 1673, p. 141, 142 (1675).

(4) *Anatome Psittaci*. — *Acta hafniensia*, vol. II, ann. 1673, p. 314 (1675).

(5) *Anatome Ciconiæ*. — *Acta hafniensia*, t. V, p. 249 (1680).

(6) *Linguæ Pici Martii structura mirabilis*. — *Acta hafniensia*, t. V, p. 249, avec figures (1680).

(7) *Pavonis anatome*, Caspari Bartholini Thom. fil. — *Acta hafniensia*, t. II, p. 288, avec fig. (1675).

(8) Caspari Bartholini Thom. fil. *Diaphragmatis structura nova*, p. 30, tab. 3. Parisiis (1676).

(9) *Exercitatio anatomico-medica de glandulis intestinorum, earumque usu et affectionibus, cui subjungitur anatome ventriculi gallinacei*. Schaffhus., 8° (1667).

(10) Loc. cit., cap. VIII.

(11) *Miscellaneorum medico-physicorum sive Ephemeridarum Germanicarum* decuria II, ann. 1, p. 205. Icones 4 (1682).

(12) Pæonis et Pythagoræ *Exercitationes anatomicæ et medicæ familiares*, p. 149 (correspondance de Payer et de Harder. — Lettre datée de Paris, 1679). Basileæ, 8° (1682).

Oiseaux manquent de vessie urinaire, et que l'urine est amenée directement dans le cloaque par les uretères (1), et porta en outre son attention sur le canal intestinal de la Cigogne (2), du Héron, du Pélican et du Pigeon (3).

Des observations d'un auteur français, Guide, fournirent des résultats analogues à ceux obtenus par Robert Boyle (4).

Un de ces prétendus savants qui se donnent la mission d'attaquer les résultats obtenus par les recherches les plus patientes et les mieux conduites, J.-B. van Lamzweerde, dans un écrit destiné à réfuter les expériences du grand Swammerdam sur la respiration, déclara que les Oiseaux sont pourvus d'un diaphragme membraneux, qu'il s'en est assuré en disséquant le Moineau (5).

Just. Schrader nota en passant quelques faits, principalement en ce qui touche les valvules du cœur (6).

Un médecin anglais, Briggs, présenta quelques remarques sur l'œil des Oiseaux, en particulier sur celui de l'Aigle (7).

Willhughby, dont nous avons déjà rappelé les essais de classification, s'occupa des glandes du croupion (8), et représenta la longue apophyse tibienne des plongeons (9).

F. Glisson, compatriote de ce dernier, s'attacha à faire connaître divers détails touchant la structure des estomacs (10).

Muralt donna un aperçu concernant le squelette et les principaux viscères de l'Aigle, l'appareil intestinal avec ses annexes, et le cœur chez le Faisan (11); plus tard il eut l'occasion d'étudier le Milan, et cette étude le conduisit à reconnaître dans les Oiseaux la glande pinéale, qui paraît avoir échappé à ses devanciers (12).

Wepfer décrivit le canal intestinal et ses annexes, les reins, etc., chez la Cigogne, la Buse et le Pigeon (13); à une époque ultérieure, il observa chez la Buse, pendant la vie, l'introduction et la sortie de l'air des sacs aériens, et constata dans les parois de ces poches la présence de fibres musculaires extrêmement fines (14).

Un Hollandais, Cornelius van Dyk, s'adonna d'une manière spéciale à l'ostéologie, et, dans un petit livre assez singulier, plaça la description et la figure, à la vérité fort grossière, du squelette d'une petite série d'Oiseaux, l'Aigle, l'Autruche, le Dindon, l'Oie, le Héron, la Corneille, l'Étourneau, le Moineau (15).

En 1684, Gérard Blasius, dont le véritable nom était Blaes, médecin et professeur à Amsterdam,

(1) Loc. cit. (lettre datée de Montpellier, 1679), p. 457 (1682).

(2) *Miscell. med. phys. sive Ephem. Germ.* dec. II. ann. 2, p. 245 (1683).

(3) *Merycologia seu de Ruminantibus et ruminatione commentarius*. Basileæ, 4° (1685).

(4) *Observations anatomiques sur plusieurs animaux, au sortir de la machine pneumatique*. Paris. in-12 (1674).

(5) *Respirationis swammerdammianæ exspiratio*, auctore Joh. Baptista à Lamzweerde. p. 172. Amstelodami (1674).

(6) *Observationes anatomic. medic.*, p. 216 (1674). Voir aussi *Observationes et Historiæ omnes ex Harveo de generatione excerptæ et in ordinem redactæ*. Amstelod., 12° (1674.

(7) *Ophthalmographia sive oculi ejusque partium descriptio anatomica*. Cap. 7. Cantabrigiæ (1676).

(8) *Ornithologiæ libri tres* (ouvrage posthume publié par Rai). London (1676).

(9) Tab. 52.

(10) *Tractatus de ventriculo et intestinis*, p. 127, etc. Londini. 4° (1677).

(11) *Vade mecum anatomicum sive clavis medicinæ*, a Johanne de Muralto, p. 160 et 135. Tiguri (1677). — (Autre édition). Johannis de Muralto *Exercitationes medicæ observationibus et experimentis anatomicis mixtæ*. Amstelodami (1688).

(12) Milvus examinatus. — *Miscellaneorum medico-physicorum sive Ephemeridarum germanicarum*. Decuria II, ann. 2, p. 55 (1683).

(13) *Cicutæ aquaticæ historia et noxæ*, p. 171. Basileæ. 4° (1679).

(14) *Miscellanea curiosa medico-physica Academiæ naturæ curiosorum*. Ann. II. p. 369 (1688).

(15) *Osteologia of naukeurige geraamt beschryving van Verscheyde Dieren nevens hare Historien*. p. 197. etc. Amsterdam (1680).

eut l'idée de rassembler en un même livre les études anatomiques faites sur les différents types d'animaux. Une part considérable des écrits relatifs aux oiseaux que nous avons mentionnés, se trouve de la sorte reproduite dans l'ouvrage du professeur hollandais ; mais Blasius ne voulut point être un simple éditeur; il a inséré plusieurs observations nouvelles dues soit à lui-même, soit à quelques-uns de ses collègues d'Amsterdam (1).

Ces observations n'ont pas toutefois une grande importance; ce sont des descriptions des principaux viscères chez le Canard (2); chez le Héron (3), où l'auteur entre dans quelques détails sur la conformation de la langue, de l'os hyoïde, du larynx, etc.; chez le Pigeon (4), où il décrit les muscles pectoraux, les testicules, les vésicules aériennes.

A la même époque, un membre de la Société royale d'Angleterre, Nehemjah Grew, donnait une figure grossière de la tête osseuse de l'Albatros (5) et décrivait l'appareil alimentaire de différents types d'Oiseaux, le Casoar, le Hibou, le Coucou, le Coq, le Pigeon, le Choucas, l'Étourneau, le Torcol, l'Hirondelle, etc.

Un de ces anatomistes qui s'efforçaient à ramener à des formes mathématiques les fonctions physiologiques, Borelli, professeur à Pise et ensuite à Florence, reconnut le premier dans les Oiseaux les clavicules qui, dans ce groupe, s'unissent d'ordinaire, et présentent de la sorte une forme particulière dont on n'avait pas su encore se rendre compte. Il traita aussi du vol, de la station et du gésier des Gallinacés (6).

J. Jacques Harder, de Bâle, observa les glandes intestinales chez la Cigogne (7), et, quelques années après, étudia les plis et les glandes de l'intestin chez la Poule, ainsi que la rate (8).

Le célèbre Fr. Redi, d'Arezzo, s'occupa à son tour de l'appareil alimentaire des Oiseaux. A l'une de ses œuvres se trouve annexée une dissertation sur l'Albatros de Fr. Lachmund (9).

Shelhammer, médecin et professeur à Iéna, puis à Kiel, traita de l'organe de l'ouïe (10).

Un médecin anglais, Samuel Collins, produisit des figures, remarquables pour l'époque, du cerveau de plusieurs Oiseaux et de quelques-uns des viscères, notamment les reins du Perroquet (11).

Emanuel König, examinant la Chouette, signala le cloaque renflé à la manière d'une vessie (12) et plus tard traita du canal intestinal des Oiseaux, ainsi que de quelques autres parties de leur organisme (13).

Samuel Ledel rapporta avoir vu, chez une oie grasse, le sang changé en un liquide blanchâtre (14).

(1) Gerardi Blasii. *Anatome Animalium*, etc. Amstelodami, 4° (1681).

(2) P. 131.

(3) P. 146.

(4) P. 149.

(5) *Museum regalis societatis*, etc. *Whereunto is subjoyned the comparative anatomy of stomachs and guts*. Tab. 6. London (1681). Loc. cit., p. 31 et suivantes.

(6) *De motu animalium*, pars 1, Romæ (1681); p. 216, tab. XII, fig. 7, k, édit. de 1685; p. 216, 288, etc., édit. Lugd.-Batav. (1687); une autre édition encore porte la date de 1686.

(7) Pæonis et Pythagoræ *Exercitationes anatomicæ et medicæ familiares* (correspondance de Peyer et de Harder), p. 206. Basileæ (1682).

(8) *Apiarium observationibus medicis et experimentis refertum scholiis et iconibus illustratum*. Obs. 35. — Basileæ, 4° (1687).

(9) *Osservazioni int. agli Animali viventi che si trov. negli Animali viventi*. Tav. 6. Firenze, 4° (1681). *De Ave diomedea*. — *Opusculorum pars prior* (1686).

(10) *De Auditu*. Leidæ, 8°, 1684, reproduit in Mangeti, *Bibliotheca italiana*. T. II, p. 371.

(11) *A system of Anatomy treating of the body of man, beasts, birds, fishs*, etc. Tab. 23, tab. 56-58. London (1685).

(12) *De Noctuæ Anatomia*. — *Miscellaneorum medico-physicorum sive Ephemeridarum germanicorum*, Decuria II, ann. 4, p. 87 (1685).

(13) *De Organis respiratoriis, pulmonibus, trachea, larynge*, etc. *Regnum animale*. Art. 20, p. 113. Colon. (1698).

(14) *Miscell. med.-phys. sive Eph. germ.* Dec. II, ann. 6, p. 154 (1688).

J. Conrad Brunner de Halle revint sur un sujet qui avait occupé Harder; il décrivit les glandes du duodenum et leur conduit excréteur dans la Cigogne (1).

Wolfang Wedel porta son attention sur le sternum du Cygne, dont une excavation reçoit une partie de la trachée-artère, accompagnant sa note d'une figure montrant les organes dans leur position naturelle. Il ignorait évidemment que le fait était depuis longtemps consigné dans la science (2).

Schelhamer, que nous avons déjà cité, disséqua la Cigogne, cet Oiseau qui, à cause de sa grande taille sans doute, avait déjà été souvent un sujet de prédilection pour les anatomistes (3).

J. Hartmann s'occupa de plusieurs Oiseaux choisis dans des conditions particulières : comme un Chardonneret mort d'inanition, une Grue morte par excès de graisse, etc. (4). Plus tard, il examina le foie chez les Gallinacés où l'on a produit artificiellement l'engraissement de ce viscère (5). Ses observations ont peu d'intérêt.

Un médecin de Schwarzenberg, Georges Sommer, frappé de la puissance digestive de l'estomac des Oiseaux, en voyant comment chez les uns, des graines dures sont promptement réduites en pulpe, comment chez les autres, des Reptiles venimeux, ou des Insectes capables de causer ailleurs des accidents, ceux par exemple qui produisent des effets d'empoisonnement sur les Bœufs (Meloës), servent de nourriture sans le moindre inconvénient, chercha une explication de ces faits. Il les attribua à la chaleur et à des sucs amenant une fermentation des aliments (6). L'auteur, évidemment, ne se rendait pas compte du phénomène de la digestion, mais il témoignait là une préoccupation qui allait bientôt gagner les physiologistes et conduire à une grande découverte.

Pendant la même période, J. D. Major, professeur à Kiel, décrivait, dans un Traité sur les organes de la vue, l'œil du Hibou, comme terme de comparaison (7).

Parmi les recherches, les études que nous venons d'énumérer, parmi celles que nous allons encore citer, il en est d'assez imparfaites pour mériter à peine une mention. Néanmoins nous croyons devoir ne pas les passer sous silence, dans le but d'exposer aussi rigoureusement que possible, soit le progrès ou le ralentissement de la marche de la science, soit les tendances vers certains genres d'investigation, ou vers certains ordres d'idées, suivant les époques.

*

Tandis que les savants de l'Allemagne enregistraient leurs observations détachées dans ce vaste recueil connu sous le nom d'*Éphémérides germaniques*, et plus tard sous celui de *Mémoires des curieux de la nature*, les auteurs anglais consignaient les résultats de leurs recherches dans les Mémoires de la Société royale d'Angleterre, ou quelquefois dans des ouvrages un peu généraux.

Ainsi, dans un écrit de Rai, le célèbre classificateur, se trouvent insérés divers détails relatifs aux glandes du croupion (8); sujet qui avait déjà occupé Rondelet, Willhugby et Peyer.

Un mémoire de Allen Moulen, publié après sa mort, contient une série d'observations sur la structure

(1) *De glandulis in duodeno detectis.* Heidelberg, 4° (1687).
(2) *Cygni sterni Anatomia. — Miscell. curiosa medico-physica Academiæ naturæ curiosorum.* Ann. 6, p. 30 (1688).
(3) *Ciconiæ Anatome. — Miscell. medico-phys. sive Ephemerid. Germanicarum.* Dec. II, ann. 6, p. 206 (1688).
(4) *Miscell. med.-phys. sive Ephem. Germ.* Dec. II, ann. 7, p. 65, 71, 78, 79 (1689).
(5) *Miscell.*, etc. Dec. III, ann. 3, p. 305 (1694).
(6) *De singulari animalium volatilium digestione.—Miscell. med.-phys. sive Ephem. germ.* Dec. III, ann. 1797-1798 (1700).
(7) *Programma ad collegium anatom. de oculo humano, chamæleontis, noctuæ et alior. animalium.* Kiliæ (1690).
(8) *Wisdom of God in the works of the creation*, p. 148 (1691).

de la tête de plusieurs Oiseaux (1). Dans ces animaux, dit l'auteur, il n'existe qu'un seul conduit des oreilles au palais, au lieu de deux, comme chez la plupart des autres vertébrés; ce passage est exactement au-dessous des narines, il consiste en un tube membraneux, s'étendant en arrière jusqu'à une communication allant d'une oreille à l'autre. Dans les Poules, cette dernière cavité arrive de chaque côté au-dessus du labyrinthe, de telle sorte que toute impression déterminée sur le tympan d'un côté, peut non-seulement être communiquée rapidement au labyrinthe de ce côté au moyen de l'air contenu dans l'intérieur, mais également à celui du côté opposé. Outre ces faits, l'auteur donne encore des détails sur la structure de l'appareil auditif de plusieurs Oiseaux.

Dans une lettre adressée d'Amérique, par John Clayton (2), où il est question d'un grand nombre d'Oiseaux de la Virginie, comparés à ceux d'Europe, se rencontrent quelques remarques anatomiques. On y signale la présence de trois paires de nerfs se distribuant dans le bec des espèces où cet organe acquiert un volume considérable, et l'on y mentionne des observations sur l'appareil auditif, analogues à celles de A. Moulen.

Une notice de Richard Waller est consacrée à faire connaître le résultat de la dissection d'une petite espèce de Perroquet (*Platycercus*). C'est une étude assez superficielle des plumes, de la trachée-artère, des vésicules aériennes, du cœur, de la langue et du canal intestinal (3).

*

Vers la dernière partie du dix-septième siècle, un instrument nouveau, le microscope, était aux mains des naturalistes. Son emploi devait bientôt amener une suite de découvertes. Le premier qui s'illustra par des recherches microscopiques, chacun le sait, est ce patient observateur hollandais Leeuwenhoek. C'est lui qui, par une lettre adressée à la Société royale de Londres, en 1677 (4), révéla la présence, dans la liqueur séminale, des spermatozoïdes ou des animalcules spermatiques, comme on les appelait alors et comme on les appela pendant bien longtemps après. Au commencement de l'année suivante, 1678, Nicholas Hartsoeker publiait un Traité de dioptrique (5) dans lequel il affirmait avoir étudié le premier le liquide séminal depuis vingt ans; assertion contre laquelle s'éleva Leeuwenhoek (6) en rappelant la date de sa communication à la Société royale. Pour les Oiseaux, ce fut le Coq dont le célèbre micrographe étudia les spermatozoïdes.

A la découverte des globules du sang se rattache encore le nom de ce naturaliste; si d'autres y ont contribué (7), nul avant lui n'avait examiné ces corpuscules chez les Oiseaux. Il les a signalés dans ce type comme étant toujours aplatis et de figure ovalaire (8).

Leeuwenhoek soumettait à ses investigations microscopiques tous les objets à peu près indistinctement sans paraître avoir jamais l'intention de coordonner les résultats de ses recherches ou de suivre un ordre d'idées sur un sujet quelconque. C'est ainsi qu'il lança, pour ainsi dire au hasard, une foule

(1) *Anatomical observations in the heads of fowls made at severals times.*— *Philosophical Transactions*, vol. XVII, p. 711 (1694).

(2) *Letter to the royal Society giving a further account of the soil and other observables of Virginia* (Birds). — *Philosophical Transactions*, vol. XVII, p. 988 (1694).

(3) *Observations on the dissection of a Paroquet.* —*Philosophical Transactions*, vol. XVIII, p. 253 (n° 211) (1694).

(4) *Philosophical Transactions* (décembre 1677).

(5) *Treatise of Dioptrics*, p. 227.

(6) *Epistola* 113, jan. (1678).

(7) M. Milne Edwards a donné un aperçu historique très-précis de la découverte des globules du sang. — *Leçons sur la Physiologie et l'Anatomie comparée*, t. I, p. 41 et note 2; p. 42, note 2 (1857).

(8) *Philosophical Transactions*, p. 789 (1684) et *Arcana naturæ detecta*, t. II, epist. 128; t. IV, epist. 65.

d'observations. En ce qui concerne les Oiseaux, on lui doit, outre ses études sur les spermatozoïdes et sur les globules sanguins, des remarques sur les plumes (1), sur les fibres du cœur chez le Canard (2), sur la fécondation de la Poule (3).

Jusqu'ici nous avons eu à citer peu de recherches anatomiques sur les Oiseaux, émanant d'auteurs français; cependant on ne restait pas inactif dans notre pays durant la dernière période du dix-septième siècle; seulement les travaux qui s'accomplissaient en France ne furent rassemblés et publiés qu'une suite d'années après leur exécution.

L'Académie royale des sciences avait été fondée en 1666; cette création détermina un mouvement scientifique important. Les élus tenaient sans doute à se montrer; leur zèle ne fit pas défaut, et l'on doit reconnaître que la plupart d'entre eux étaient servis par un certain talent. Ils mirent en lumière un nombre de faits considérable, sans les approfondir beaucoup, il est vrai; mais comment leur en faire un reproche? On était loin de songer alors à la nécessité de cette précision, de cette rigueur dans les recherches, de cette netteté dans l'exposition, de cette exactitude absolue dans la représentation des objets qu'il faut, de notre temps, toujours avoir en vue si l'on tient vraiment à honneur de servir utilement la science.

La ménagerie de Versailles fournissait aux anatomistes des animaux rares. Duverney, Méry, Claude Perrault, portèrent ainsi leurs investigations sur un grand nombre d'Oiseaux, particulièrement sur des espèces étrangères à l'Europe. Souvent ils travaillèrent ensemble et, au début, l'*Histoire de l'Académie* n'indique même point la part de chacun d'eux.

D'abord on examina la structure des plumes de l'Autruche et l'on signala la présence de corps durs, comme des cailloux et des pièces métalliques, dans le ventricule de cet Oiseau (4).

Il fut constaté que l'œsophage des Pigeons est capable d'une dilatation plus grande que celui des autres oiseaux. On vit leur œsophage s'enfler lorsqu'on soufflait dans la trachée, sans pouvoir comprendre de quelle façon cet effet était produit (5).

On observa les poches aériennes dans divers oiseaux (Pintades, Autruches), et l'on reconnut (après plusieurs autres observateurs) que les vésicules de la poitrine communiquaient par un petit trou avec le poumon, qu'il y avait communication de celles du ventre avec les premières. On vit durant l'inspiration celles d'en haut recevoir l'air du poumon en se dilatant, et celles d'en bas être comprimées et pousser leur air dans les poches qui en recevaient déjà du dehors (6).

Les principaux viscères de la Grue, connue sous le nom vulgaire de Demoiselle de Numidie (*Anthropoïdes virgo*) furent examinés (7). Sur le Casoar, on renouvela les observations relatives aux vessies aériennes. Il parut que les ouvertures établissant la communication avec le poumon étaient susceptibles d'une constriction et d'une relaxion volontaires (8). Le canal intestinal de l'Ibis et de la Cigogne devinrent l'objet de quelques recherches, et l'on pensa reconnaître une communication de la veine mésentérique

(1) *Description des plumes sous le microscope.* — *Arcana naturæ detecta* 4° (1695). *De pennis et plumis observationes in Malpighii opera posthuma*, p. 128, Amstelod (1698). *Remarques sur les diverses couleurs des plumes des Perroquets.* — *Opera omnia*, t. II, p. 322, Lugd. Batav. (1722).

(2) *Opera omnia*, t. II, p. 412, fig. 4.

(3) *Op. omnia*, t. I, p. 162.

(4) *Histoire de l'Académie royale des sciences*, de 1666 à 1686, t. I, p. 136, etc. (publié en 1733).

(5) *Histoire de l'Académie*, de 1666 à 1686, t. I, p. 140.

(6) Page 151.

(7) Page 192.

(8) Page 208.

avec l'intestin, ayant injecté par la veine ou ayant introduit du lait dans l'intestin et comprimé ensuite (1).

Duverney revint sur un fait déjà signalé depuis longtemps, sans toutefois paraître se douter de l'état des connaissances acquises sur ce point; la forme de la trachée-artère de la Grue (Grue d'Afrique) et la manière dont elle s'engage dans une cavité du sternum. D'autre part, la voix, chez le Coq, lui sembla se produire vers la bifurcation de la trachée (2).

On constata l'acidité du suc gastrique chez le Pigeon (3). Méry s'occupa du cercle osseux de l'œil dans différents oiseaux, et crut voir la sclérotique de l'Autruche composée de deux membranes (4).

Le même animal présenta aux anatomistes Duverney et Méry deux canaux biliaires; l'un s'insérant dans le ventricule au-dessus du pylore, l'autre au-dessous, et, chez le Canard, Méry signala les vésicules osseuses situées au bas de la trachée (5).

Méry entreprit quelques expériences sur la respiration des oiseaux; ces expériences montrèrent que dans l'inspiration la poitrine se dilate, que le sternum s'éloigne des vertèbres, que les côtes s'éloignent les unes des autres en s'élevant, et que les poches aériennes se remplissent d'air au moment de l'abaissement du sternum (6).

L'œil de l'Autruche fut étudié avec un assez grand soin. D'après les observations de Méry : deux petits muscles tirent la paupière interne vers le grand angle de l'œil; la paupière supérieure a trois muscles; deux venant du bord de l'orbite vers le grand angle de l'œil, et le troisième de la membrane opaque de la sclérotique. Perrault montra comment la paupière interne est tirée sur la cornée par le moyen d'une petite corde ou tendon, et ramenée dans le coin de l'œil par des fibres qui la font plisser et lui donnent la forme d'un croissant (7).

Méry, disséquant un Pélican, vit s'échapper l'air par la peau. Voulant se rendre compte de ce fait, il fut conduit par une recherche attentive à reconnaître une communication des poches aériennes avec des cellules sous-cutanées; il signala aussi la disposition des plumes en héxagones assez réguliers, et les fibres musculaires allant de l'autre en s'entre-croisant (8). Plus tard, il décrivit les deux muscles qui ramènent la paupière interne des oiseaux dans le coin de l'œil, l'un ayant son attache à la partie postérieure du globe de l'œil, l'autre à la partie postérieure de l'orbite et passant par-dessus le globe (9).

D'un autre côté, Duverney établit que les tendons s'ossifient souvent chez les oiseaux adultes (10).

Les membres de l'Académie ne se contentèrent pas de la publication des observations détachées qui viennent d'être rapportées. Tous leurs travaux anatomiques furent réunis par Cl. Perrault, et de la sorte fut mis au jour l'ensemble de leurs recherches sur chacune des espèces animales qui avait été l'objet des études des anatomistes de l'Académie. Ce sont autant de Mémoires accompagnés de nombreuses figures (11). Dans ce recueil, les oiseaux ont une part très-considérable.

(1) Page 364.
(2) *Histoire de l'Académie des sciences*, t. II, de 1686 à 1699, p. 6 (1733).
(3) T. II, p. 8.
(4) T. II, p. 24.
(5) Page 48.
(6) Page 63.
(7) Page 118.
(8) Page 144.
(9) Page 279.
(10) *Journal des Sçavans*, p. 219 (1689).
(11) *Mémoires pour servir à l'histoire naturelle des animaux*, dressés par M. Perrault. — *Mémoires de l'Académie royale des sciences*, de 1666 jusqu'à 1699 (1733).

Un premier travail a trait au Cormoran; on y décrit la configuration des viscères, on y constate l'extrême dilatabilité de l'œsophage permettant à l'oiseau d'avaler des poissons d'un très-gros volume, l'étendue des intestins atteignant sept pieds de longueur, la présence d'un grand anneau osseux à la bifurcation de la trachée-artère, etc. (1). Passant à l'étude des Coqs indiens (Hoccos), l'auteur y donne surtout la description de l'appareil digestif et de ses annexes, et insiste sur la structure du gésier de ces Gallinacés (2). Les Demoiselles de Numidie (*Anthropoïdes virgo*) sont étudiées de la même manière; quelques troncs vasculaires ont été figurés (3). Des observations analogues sont présentées touchant la Pintade (4); l'Aigle, chez lequel on décrit le sinus rhomboïdal (5); l'Outarde, où l'on indique la faible dilatation de l'œsophage et la présence dans sa portion inférieure de glandes disposées régulièrement (6). L'Autruche, dont les membres de l'Académie eurent l'occasion de disséquer huit individus, fut étudiée avec plus de détails. Les faits déjà indiqués précédemment furent traités avec des développements dans le Mémoire spécial, ainsi que les questions relatives aux cloisons diaphragmatiques, aux organes génitaux et à la configuration de l'appareil digestif (7). D'autres mémoires du même genre concernent le Casoar (8), les Spatules, désignées là sous le nom de Palettes, le Flamant ou Phœnicoptère, appelé le Bécharu par MM. de l'Académie, la Poule sultane, l'Ibis et la Cigogne, le Pélican, l'Oiseau royal (Grue couronnée du Sénégal) et le Griffon (Vautour) (9).

Jamais ne s'était produite une si longue suite de recherches anatomiques sur les oiseaux. Il faut donc louer leurs auteurs de les avoir exécutés. Les planches qui accompagnent les *Mémoires pour servir à l'Histoire naturelle des animaux* ne sauraient être citées pour leur délicatesse, mais elles fournissent des indications encore utiles. Elles durent être regardées comme belles au moment de leur publication.

•

Après cette belle série de recherches anatomiques sur les oiseaux, il se fit un grand calme. Nous ne trouvons plus pendant longtemps en France que des observations détachées, jetées pour ainsi dire au hasard. Ceux qui avaient si laborieusement et si vaillamment commencé l'étude de l'organisation des animaux avaient disparu de la scène ou touchaient au terme de leur carrière; les nouveau-venus ne devaient les suivre que de loin. Le genre de recherches poursuivi par Perrault, Duverney et Méry était-il d'ailleurs beaucoup apprécié? Le successeur de Colbert, M. de Louvois, n'avait-il pas adressé à MM. de l'Académie, la recommandation de s'occuper surtout de sujets capables d'avoir immédiatement une application *utile*, comme pouvant contribuer davantage à la gloire du roi.

Relativement à notre objet actuel, nous avons ainsi peu d'observations importantes des membres de l'ancienne Académie, durant la première moitié du dix-huitième siècle.

Néanmoins, Poupart s'occupe des plumes : « Les plumes, dit-il, sont nourries de sang et de lymphe;

(1) T. III, 1re partie, p. 213, pl. 32.
(2) T. III, part. I, p. 223, pl. 34.
(3) T. III, part. II, p. 3, pl. 36.
(4) Page 72, pl. 48.
(5) Page 89, pl. 50.
(6) Page 101, pl. 52.
(7) Page 142, pl. 54 et 55.
(8) Page 157, pl. 57.
(9) T. III, part. III.

» au bout du tuyau de la plume est un petit trou par où entrent les vaisseaux sanguins, de la même » manière qu'ils entrent dans une dent par un petit trou qui est à l'extrémité (1). »

De la Hire porte son attention sur le peigne de l'œil des oiseaux, et considère cet organe comme un muscle dont toutes les fibres charnues se terminent en un tendon susceptible de tirer le cristallin vers le fond de l'œil, lorsque les oiseaux ont besoin de voir avec les deux yeux (2).

Les dissertations anatomiques relatives à tel organe ou à tel système d'organes nous fournissent souvent des remarques concernant les oiseaux.

Ainsi Jacques Hovius, traitant d'une façon générale du mouvement des humeurs de l'œil, s'arrête sur le peigne des espèces ornithologiques et le décrit comme un simple repli de la membrane vasculaire; il examine aussi avec un grand soin les réseaux admirables et en donne plusieurs figures (3).

J. Fantoni, professeur de l'Université de Turin, à propos de l'appareil digestif chez l'homme et les animaux, fait mention des glandes qui se trouvent en abondance dans la partie inférieure de l'œsophage des oiseaux (4).

Valsalva, dans son Traité de l'oreille de l'homme, s'occupe de l'appareil auditif chez les oiseaux et particulièrement des zones (5).

D'autre part, Martin Lister, au sujet des liquides de l'organisme, émettait l'opinion que, chez les oiseaux, de très-courts vaisseaux lymphatiques portent le chyle dans les veines mésaraïques, croyant voir une impossibilité à ce que les veines en continuité avec les artères puissent prendre directement le chyle (6). En même temps il décrivait les globules du sang comme étant de forme plano-ovalaire (7), ce qui s'accorde avec les observations de Leeuwenhoek.

Le Vautour donna lieu à quelques recherches de la part d'un naturaliste allemand, Scheuchzer. Les glandes surrénales, déjà aperçues chez divers oiseaux et plus ou moins bien décrites par plusieurs des anatomistes dont nous avons rappelé les travaux, furent aussi reconnues dans ce type ornithologique (8).

Un membre de l'Académie des sciences, un médecin, Petit, s'attacha à l'étude de l'œil chez l'homme et chez différents animaux, et constata dans les oiseaux tels que les Perroquets, les Hibous, le Dindon, l'inégalité de convexité entre la face antérieure et la face postérieure du cristallin (9).

G. Pozzi signala le premier ce fait remarquable que le cerveau des Fringilles, proportionnellement à la masse du corps, l'emporte en volume sur celui de l'homme lui-même (10).

(1) *Histoire de l'Académie royale des sciences.* — Ann. 1699, p. 43, avec figures (1702).

(2) *Description et usage de la bourse noire qui se trouve seulement dans les yeux des oiseaux.* — *Journal des savants*, t. XXVII, p. 78. — *Histoire de l'Académie des sciences*, 1701, p. 509.

(3) *Dissertatio de circulari humorum ocularium motu Traj.*, 1702. — 2e edit. aucta, p. 63 (1726). — *Tractatus de circulari humorum motu in oculis.* Edit. nova. Lugd. Batav., p. 18, etc. Tab. vi (1716).

(4) Johannis Fantoni *Dissertationes anatomicæ.* — Dissert. IV, p. 76. Taurini (1701).

(5) Valsalvæ. *Tractatus de aure humana*, cap. III (1704). — Edit. Morgagni, p. 49. Venetiis (1740).

(6) *Dissertatio de humoribus*, p. 228. — Amstel. 8° (1711).

(7) Ibid., p. 237.

(8) *Anatomia Vulturis Bætici.* — *Breslauer Sammlung von Natur und Medizin* (1726).

(9) *Mémoire sur plusieurs découvertes faites dans les yeux de l'homme, des quadrupèdes, des oiseaux et des poissons.* — *Mémoires de l'Académie des sciences*, 1726, p. 69. — *Mémoire sur le cristallin*, etc. — *Mémoires de l'Académie des sciences*, 1730, p. 4, etc. — *Description anatomique de l'œil du Coq d'Inde.* — *Mémoires de l'Académie*, 1735, p. 123. — *Description de l'œil d'un Hibou.* — *Mémoires de l'Académie*, 1736, p. 121.

(10) *Orationes duæ, accedit epistolare commerciolum anatomicum.* 4° Bononiæ (1732).

Un observateur anglais, Daniel de Superville, examina le liquide séminal des Oiseaux dont on ne s'était plus occupé depuis Leeuwenhoek, au moins suivant toute apparence. Pour montrer l'influence du mâle sur les produits de la génération, il cite l'exemple de nos races de basse-cour, où l'on obtient des jeunes ayant surtout les caractères du Coq, si l'on unit un Coq à des Poules de race différente. L'expérience faite, ajoute-t-il, sur des Pigeons et des Serins, a donné le même résultat (1).

Dans des dissertations anatomiques du dix-huitième siècle, il est souvent question de certains détails organiques relatifs aux oiseaux, sans que l'on puisse en extraire aucune observation assez importante pour être rapportée. C'est le cas, pour les écrits de l'Italien Morgagni (2) et pour plusieurs autres, qu'on ne s'étonnera pas de nous voir passer sous silence.

Un anatomiste suédois, Emmanuel Swedenborg, a donné une description du cerveau de l'Oie (3), et a signalé le canal pancréatique comme double ou triple chez les oiseaux (4); fait déjà bien reconnu par les auteurs du siècle précédent.

En Italie, il fut déclaré par Menghini que le sang des oiseaux contient du fer en plus grande quantité que celui de l'homme et de tous les autres animaux (5).

J. Daniel Meyer représenta une série de squelettes d'oiseaux; jusqu'à présent il ne nous a pas été possible de consulter l'ouvrage de cet auteur (6).

En France, Hérissant s'occupa des mouvements du bec chez les oiseaux, et crut à tort rencontrer chez beaucoup d'entre eux une mobilité de la mandibule supérieure qui, en réalité, n'existe pas (7).

Un autre membre de l'Académie des sciences, Ferrein, eut pour objet de mettre en lumière la véritable structure du foie et des reins. Malpighi, qui le premier avait entrepris des recherches sur la structure intime des organes, avait considéré le foie, les reins, etc., comme formés d'un nombre infini de petites glandes ayant chacune leur conduit excrétoire. Plus tard, Ruysch, l'anatomiste hollandais, devenu si célèbre par son habileté exceptionnelle dans l'art des injections, n'avait vu dans ces organes glanduleux que des amas de vaisseaux artériels et veineux. Parmi les savants, les deux opinions s'entre-choquèrent souvent; quelques-uns essayèrent de les concilier. Mais il n'y a pas lieu de nous étendre sur ces controverses. Il nous suffit de rappeler que Ferrein se mit à l'œuvre dans le but d'élucider la question, qu'il y parvint d'une manière déjà assez satisfaisante, et qu'il s'attacha très-sérieusement à l'étude des reins des Oiseaux, dont la structure lui parut plus facile à mettre en évidence que celle des reins des mammifères (8). Selon ce naturaliste, ces parties consistent en un assemblage merveilleux de tuyaux blancs différemment repliés, qui sont les véritables tuyaux urinaires. On en distingue de deux sortes; les tuyaux ou vaisseaux corticaux et les tuyaux médullaires. Les premiers, contournés et entassés les uns sur les autres, formant les lobules ou éminences qu'on observe à la surface du rein, ne laissent entre eux que des espaces étroits remplis par une très-petite quantité d'un parenchyme transparent et par les vaisseaux sanguins. Ils se rendent dans des troncs

(1) *Some reflexions on generation*, etc., by Daniel de Superville. — *Philosophical Transactions of the royal Society*, vol. XLI, p. 294-300, n° 456 (1740).

(2) Morgagnii *Epistolæ*, 4°. Venetiis (1740).

(3) *Transactio 2ª de cerebri motu et cortice et anima humana.* — Amst. 4° (1741).

(4) *Regnum animale*, cap. X, p. 253. — Hagæ Comitum (1744).

(5) *De Bononiensi Scientiarum et Artium Instituto atque Academia Commentarii*, t. II, pars 2, p. 249 (1746).

(6) *Vorstellungen der Thiere.* — Nürnberg, fol. (1748).

(7) *Observations anatomiques sur les mouvements du bec des oiseaux.* — *Mémoire de l'Académie des sciences*, 1748, p. 345.

(8) *Sur la structure des viscères nommés glanduleux, et particulièrement sur celle des reins et du foie.*—*Mémoires de l'Académie des sciences* — Année 1749, p. 489 (1753).

ORDRE DES HOMALOSTERNIENS. *HOMALOSTERNII.*

FAMILLE DES APTÉRYGIDES. *APTERYGIDÆ.*

GENRE APTERYX. *APTERYX.* SHAW.

SYSTÈME OSSEUX. — APTERYX AUSTRALIS Shaw. — De la Nouvelle-Zélande.

Squelette réduit d'un tiers, vu de profil.

a, frontal. — *b*, pariétal. — *c*, temporal. — *e*, occipital supérieur. — *e'*, occipitaux latéraux. — *e''*, occipital inférieur. — *g*, nasal. — *h*, maxillaire supérieur. — *i*, intermaxillaires. — *k*, lacrymal. — *l*, jugal. — *o*, ptérygoïdiens. — *r*, tympanique. — *x*, ethmoïde. — *s*, maxillaire inférieur.

1, sternum. — 1', os coracoïdien. — 1'', omoplate soudée avec le coracoïdien. — 2, humérus. — 2', cubitus. — 2'', radius. — 3, os du carpe. — 4, ilion — 5, pubis. — 6, ischion. — 7, fémur. — 8, tibia. — 8', péroné. — 9, os du tarse. — 9', phalanges digitales.

Ce dessin a été exécuté d'après un très-beau squelette obligeamment communiqué par MM. Verreaux.

ORDRE DES HOMALOSTERNIENS. *HOMALOSTERNII.*

FAMILLE DES APTÉRYGIDES. *APTERYGIDÆ.*

GENRE APTÉRYX. *APTERYX.* SHAW.

SYSTÈME OSSEUX. — APTÉRYX AUSTRALIS Shaw. — De la Nouvelle-Zélande.

FIG. 1. Tête vue en dessus de grandeur naturelle.

a, frontaux. — *b*, pariétaux. — *c*, temporal. — *e*, occipital supérieur. — *e'*, occipitaux latéraux. — *e''*, occipital inférieur. — *f*, rocher (petrosal Owen). — *g*, nasal. — *h*, maxillaire. — *i*, intermaxillaires (prémaxillaires Owen). — *k*, lacrymal. — *l*, jugal. — *m*, vomer. — *n*, palatins. — *o*, ptérygoïdiens. — *q*, sphénoïde. — *r*, tympanique. — *x*, ethmoïde. — 1, trou optique. — 2, trou ovale. — 3, trou rond. — 4, trou olfactif. — *s*, maxillaire inférieur (mandible Owen). — *, dentaire. — *', complémentaire. — *'', surangulaire. — *''', articulaire. — **, articulaire. — **' angulaire.

FIG. 2. Tête vue en dessous, avec les mêmes lettres que pour la figure 1.

FIG. 3. Tête vue de profil, avec les mêmes lettres que pour les figures 1 et 2.

FIG. 4. Tête vue par derrière, avec les mêmes lettres que pour les figures 1, 2 et 3.

FIG. 5. Maxillaire inférieur vu intérieurement.

FIG. 6. Atlas ou première vertèbre cervicale, vu par devant.

FIG. 7. Colonne vertébrale vue en dessous, de grandeur naturelle.

a, dernière vertèbre cervicale. — *b*, *b*, vertèbres dorsales. — *c*, *c*, côtes. — *d*, *d'*, apophyses transverses. — *e*, *e'*, vertèbres lombaires. — *f*, vertèbres sacrées. — *g*, ilion. — *h*, ischions. — *i*, pubis.

FIG. 8. Os hyoïde.

FIG. 9. Sternum vu par devant.

a, sternum. — *b*, origine des côtes. — *c*, coracoïdien. — *d*, omoplate soudée avec le coracoïdien. — *e*, origine de l'humérus.

FIG. 10. Tarse vu par devant.

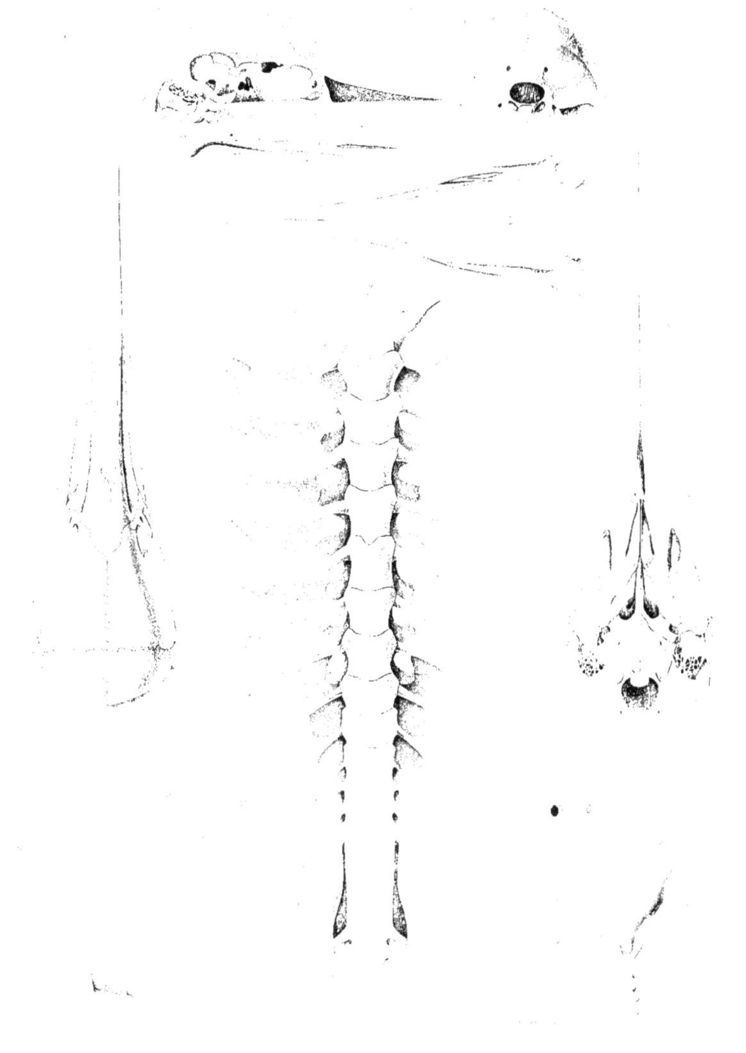

ORDRE DES TROPIDOSTERNIENS. *TROPIDOSTERNII.*

FAMILLE DES PSITTACIDES. *PSITTACIDÆ.*

GENRE PERROQUET. *PSITTACUS.* LINNÉ.

SYSTÈME OSSEUX. — PSITTACUS ERYTHACUS Linné. — Du Sénégal.

Squelette de grandeur naturelle, vu de profil.

a. frontal. — *b*, pariétal. — *c*, temporal. — *e*, occipital supérieur. — *e'*, occipitaux latéraux. — *e''*, occipital inférieur. — *g*, nasal. — *h*, maxillaire supérieur. — *i*, intermaxillaire. — *k*, lacrymal. — *l*, jugal. — *o*, ptérygoïdiens. — *r*, tympanique. — *s*, ethmoïde. — *x*, maxillaire inférieur.

1, sternum. — 1', os coracoïdien. — 1'', omoplate soudée avec le coracoïdien. — 2, humérus. — 2', cubitus. — 2'', radius. — 3, os du carpe. — 3', os du métacarpe. — 3'', pouce. — 3''', doigts. — 4, ilion. — 5, pubis. — 6, ischion. — 7, fémur. — 8, tibia. — 8', péroné. — 9, os du tarse. — 9', phalanges digitales.

ORDRE DES TROPIDOSTERNIENS. *TROPIDOSTERNII.*

FAMILLE DES PSITTACIDES. *PSITTACIDÆ.*

GENRE PERROQUET. *PSITTACUS.* LINNÉ.

SYSTÈME OSSEUX. — PSITTACUS ERYTHACUS Linné. — Du Sénégal.

FIG. 1. Tête vue en dessus de grandeur naturelle.

a, frontal. — *b*, pariétaux. — *c*, temporal. — *e*, occipital supérieur. — *e'*, occipitaux latéraux. — *e''*, occipital inférieur. — *f*, rocher (petrosal Owen). — *g*, nasaux. — *h*, maxillaire. — *i*, intermaxillaire (prémaxillaire Owen). — *k*, lacrymal. — *l*, jugal. — *m*, vomer. — *n*, palatins. — *o*, ptérygoïdiens. — *q*, sphénoïde. — *r*, tympanique. — *x*, ethmoïde. — 1, trou optique. — 2, trou olfactif. — *s*, maxillaire inférieur (mandible Owen). — Les os du crâne étant soudés, ce sont les régions qui sont indiquées sous les noms des os qu'elles représentent.

FIG. 2. Tête vue en dessous, avec les mêmes lettres que pour la figure 1.

FIG. 3. Tête vue par derrière, avec les mêmes lettres que pour les figures 1 et 2.

FIG. 4. Maxillaire inférieur vu intérieurement.

FIG. 5. Os hyoïde, vu extérieurement.

FIG. 6. Le même, vu en dessous.

FIG. 7. Colonne vertébrale vue en dessous, de grandeur naturelle.

a, vertèbres cervicales. — *b*, *b*, vertèbres dorsales. — *c*, *c*, côtes. — *d*, *d'*, apophyses transverses. — *e*, *e'*, vertèbres lombaires. — *f*, vertèbres sacrées. — *g*, ilion. — *h*, ischion. — *i*, pubis.

FIG. 8. Sternum vu par devant.

a, sternum. — *b*, origine des côtes. — *c*, coracoïdien. — *d*, omoplate. — *e*, origine de l'humérus.

FIG. 9. Bassin, vu en dessus.

a, ilion. — *b*, ischion. — *c*, pubis. — *d*, trou obturateur. — *e*, origine du fémur.

Ordre des TROPIDOSTERNIENS. *TROPIDOSTERNII.*

Famille des PSITTACIDES. *PSITTACIDÆ.*

Genre PERROQUET. *PSITTACUS.* Linné.

Système plumeux. — Psittacus erythacus, Linné. — Du Sénégal.

Fig. 1. Plume des joues, grossie.

Fig. 2. Plume du front, également grossie.

Fig. 3. Fragment de duvet, grossi.

Fig. 4. Barbe du duvet, grossie environ 100 diamètres.

Fig. 5. Aile du côté droit, dont les plumes sont dégarnies de leurs barbes pour mettre en évidence leur disposition.

a, cubitus. — *b*, radius. — *c*, membrane alaire. — *d*, *d*, couvertures scapulaires. — *e*, *e*, pennes secondaires. — *f*, couvertures inférieures. — *g*, carpe. — *h*, métacarpe. — *i*, pouce. *k*, doigt. — *l*, couvertures petites. — *m*, couvertures moyennes. — *n*, couvertures grandes. — *o*, pennes primaires.

Fig. 6. Portion grossie de la tige (*rhachis*) de l'une des pennes, vue du côté interne pour montrer les arêtes transversales sur lesquelles s'implantent les barbes.

Fig. 7. La même portion vue du côté externe.

Fig. 8. Queue dont les plumes, dégarnies de leurs barbes, sont demeurées en position.

a, extrémité du bassin. — *b*, vertèbres caudales. — *c*, rectrices intermédiaires. — *d*, rectrices latérales. — *e*, couvertures supérieures. — *f*, couvertures inférieures.

Fig. 9. Portion de l'une des rectrices grossie.

a, tige. — *b*, partie foliacée adhérente à la tige et servant de soutien aux barbes. — *c*, barbes.

Fig. 10. Barbule du côté interne, grossie 80 diamètres.

Fig. 11. Barbule du côté externe vue sous le même grossissement.

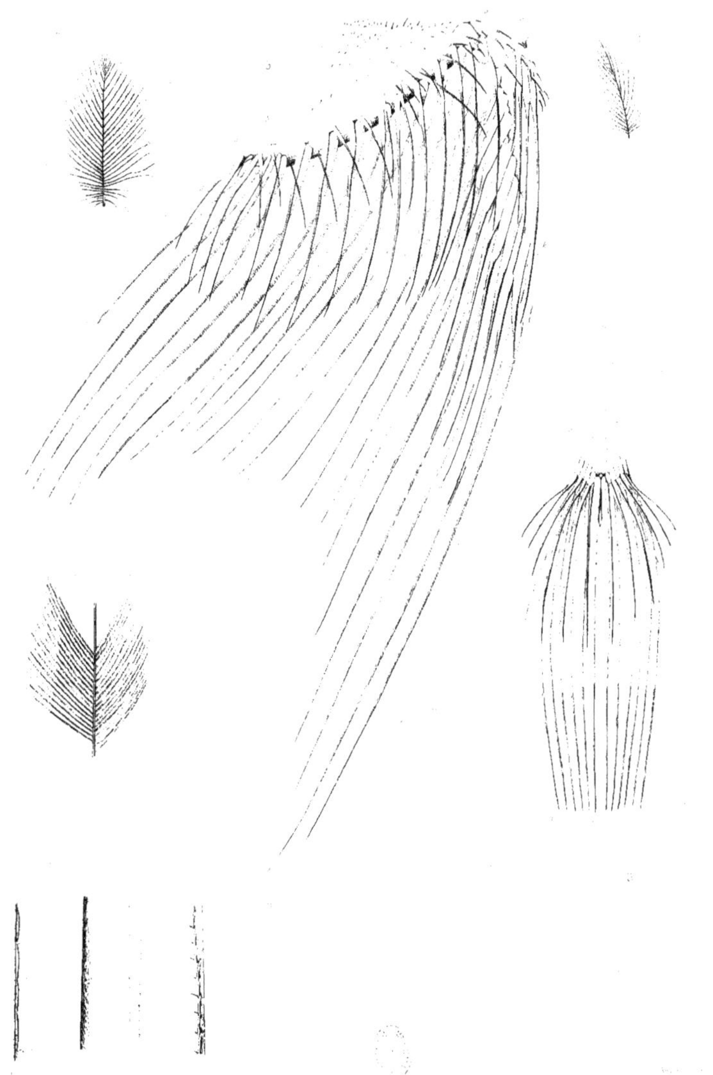

Ordre des TROPIDOSTERNIENS. *TROPIDOSTERNII.*

Famille des PICIDES. *PICIDÆ.*

Genre PIC. *PICUS.* Linné.

Système osseux. — Picus viridis Linné. — D'Europe.

Fig. 1. Squelette de grandeur naturelle, vu de profil.

a, frontal. — *b*, pariétal. — *c*, temporal. — *e*, occipital. — *g*, nasal. — *h*, maxillaire supérieur. — *i*, intermaxillaire. — *k*, lacrymal. — *l*, jugal. — *o*, ptérygoïdiens. — *n*, palatins. — *r*, tympanique. — *s*, ethmoïde. — *x*, maxillaire inférieur.

1, sternum. — 1', os coracoïdien. — 1'', omoplate. — 1''' clavicule. — 2, humérus. — 2', cubitus. — 2'', radius. — 3, os cubital du carpe. — 3*, os radial du carpe. — 3', os du métacarpe. — 3'', pouce. — 3''', doigts. — 4, ilion. — 5, pubis. — 6, ischion. — 7, fémur. — 8, tibia. — 8', péroné. — 9, os du tarse. — 9', phalanges digitales.

Fig. 2. Tête vue de profil, dessinée au trait, et l'os hyoïde dans sa position naturelle, ses cornes se recourbant au-dessus de la tête pour venir s'engager dans une gouttière interne de l'os maxillaire.

Ordre des TROPIDOSTERNIENS. *TROPIDOSTERNII.*

Famille des PICIDES. *PICIDÆ.*

Genre PIC. *PICUS.* Linné.

Système osseux. — Picus viridis Linné. — D'Europe.

Fig. 1. Tête vue en dessus de grandeur naturelle.

a, frontal. — *b*, pariétaux. — *c*, temporal. — *e*, occipital supérieur. — *e'*, occipitaux latéraux. — *e''*, occipital inférieur. — *g*, naseaux. — *h*, maxillaire. — *i*, intermaxillaire (prémaxillaire Owen). — *k*, lacrymal. — *l*, jugal. — *n*, palatins. — *o*, ptérygoïdiens. — *q*, sphénoïde. — *r*, tympanique. — *x*, ethmoïde. — Les os du crâne étant soudés, ce sont les régions qui sont indiquées sous les noms des os qu'elles représentent.

Fig. 2. Tête vue en dessous, avec les mêmes lettres que pour la figure 1.

Fig. 3. Tête vue par derrière, avec les mêmes lettres que pour les figures 1 et 2.

Fig. 4. Maxillaire inférieur vu en dessus.

Fig. 5 et 6. Sternum vu en dessous et vu de profil.

Fig. 7. Coracoïdien.

Fig. 8. Le même, en dessous.

Fig. 9. Omoplate vue extérieurement.

Fig. 10. La même, vue par le côté interne.

Fig. 11 et 12. Humérus en dessus et en dessous.

Fig. 13. Os du bras vus par le côté externe.

a, cubitus. — *b*, radius. — *c*, os cubital du carpe. — *d*, os radial.

Fig. 14. Cubitus vu par le côté interne.

Fig. 15. Radius.

Fig. 16. Os cubital du carpe.

Fig. 17. Os radial.

Fig. 18 et 19. Métacarpe vu par le côté externe et par le côté interne.

Fig. 20 et 21. Pouce vu par le côté externe et par le côté interne.

Fig. 22 et 23. Première phalange du grand doigt vue par le côté externe et par le côté interne.

Fig. 24 et 25. Seconde phalange du grand doigt par le côté externe et par le côté interne.

Fig. 26. Doigt extérieur.

Fig. 27. Le même, vu par le côté interne.

Fig. 28. Bassin et vertèbres caudales vus en dessus.

a, ilion. — *b*, ischion. — *c*, pubis.

Fig. 29 et 30. Fémur vu par devant et par derrière.

Fig. 31 et 32. Tibia vu par devant et par derrière.

Fig. 33. Métatarse suivi des doigts vu par devant.

Fig. 34. Le même, vu par derrière.

ORDRE DES TROPIDOSTERNIENS. *TROPIDOSTERNII.*

FAMILLE DES ALCÉDINIDES. *ALCEDINIDÆ.*

GENRE MARTIN-PÊCHEUR. *ALCEDO.* LINNÉ.

SYSTÈME OSSEUX. — ALCEDO ISPIDA. Linné. — D'Europe.

FIG. 1, 1* et 1**. Sternum vu par sa face externe, par sa face interne et de profil.

a, carène. — *a'*, apophyse antérieure ou épisternale. — *b*, bord antérieur de la face interne. — *c*, facettes coracoïdiennes. — *d*, angles latéro-antérieurs. — *e*, surfaces articulaires des côtes. — *m*, portion moyenne postérieure. — *o*, branches latérales.

FIG. 2. Coracoïdien.

FIG. 2*. Le même, en dessous.

FIG. 3. Omoplate vue extérieurement.

FIG. 3*. La même, vue par le côté interne.

FIG. 4 et 4*. Clavicule vue par devant et de profil.

FIG. 5 et 5*. Humérus vu en dessus et en dessous.

FIG. 6. Coupe verticale de l'humérus, pour montrer ses cloisons et ses cavités intérieures.

FIG. 7. Os de l'avant-bras vus par le côté externe.

a, cubitus. — *b*, radius. — *c*, os cubital du carpe. — *d*, os radial.

FIG. 7*. Les mêmes, vus par le côté interne.

FIG. 8. Tête du cubitus.

FIG. 9 et 9*. Métacarpe vu par le côté externe et par le côté interne.

a, branche radiale. — *a'*, branche cubitale. — *b*, pouce. — *c*, première phalange du grand doigt. — *e*, seconde phalange du même doigt. — *d*, doigt extérieur.

FIG. 10. Colonne vertébrale et bassin vus en dessus.

a, ilion. — *b*, ischion. — *c*, pubis. — *d*, côtes de la vertèbre soudée au sacrum. — *e*, *e*, côtes et vertèbres dorsales. — *f*, vertèbres cervicales. — *g*, vertèbres caudales.

FIG. 11. La même portion du squelette vue en dessous, avec les mêmes lettres désignant les différentes parties.

FIG. 12 et 12*. Fémur vu par devant et par derrière.

FIG. 13. Coupe verticale du fémur, pour montrer ses cavités intérieures.

FIG. 14 et 14*. Tibia vu par devant et par derrière.

a, tibia. — *b*, péroné. — *c*, rotule.

FIG. 15 et 15*. Métatarse suivi des doigts vu par devant et par derrière.

a, grand métatarse. — petit métatarse. — *c*, phalanges digitales.

FIG. 16. Tête du métatarse.

www.ingramcontent.com/pod-product-compliance
Ingram Content Group UK Ltd.
Pitfield, Milton Keynes, MK11 3LW, UK
UKHW021645260726
13994UKWH00003B/1291